参编人员

胡晰远　王世君　王　鑫　李军宏
彭思龙　许小京　张　宁　钟　涛

影像篡改检验分析手册

黎智辉　主编

科 学 出 版 社

北　京

内 容 简 介

本书凝聚了作者多年来在视频影像篡改检验方面的理论研究以及视频影像篡改检验鉴定实战应用中所积累的理论方法和实践技术，为读者运用视频和图像涉及的影像篡改技术提供相关理论知识，为公安、检察、司法部门解决在影像篡改检验鉴定中遇到的问题提供理论基础和实践工具。主要内容包括：影像篡改历史，数字影像基础概念，数字影像篡改手段，视频影像篡改检验工具(警视通影像真伪鉴定系统)、案例分析以及标准解读。本书注重理论体系的完整性、系统性和实用性，通过理论分析与实际案例相结合，阐释算法模型背后的物理意义，强调视频影像篡改检验鉴定技术在公安、检察、司法实践中的实战应用。

本书是公安、检察、司法部门等视频影像篡改检验鉴定的实用参考书，适合公安、检察、司法刑事科学技术、视频侦查、司法鉴定等相关技术人员阅读，也可作为公安与司法类院校及其他高等院校影像处理、司法鉴定相关专业师生的教学参考书。

图书在版编目(CIP)数据

影像篡改检验分析手册/黎智辉主编. —北京：科学出版社, 2019.4
ISBN 978-7-03-060888-8

Ⅰ. ①影…　Ⅱ. ①黎…　Ⅲ. ①图象处理-手册　Ⅳ. ①TN911.73-62

中国版本图书馆 CIP 数据核字 (2019) 第 050415 号

责任编辑：李　欣　赵彦超　孔晓慧／责任校对：杨聪敏
责任印制：徐晓晨／封面设计：无极书装

科学出版社出版
北京东黄城根北街 16 号
邮政编码：100717
http://www.sciencep.com

北京虎彩文化传播有限公司 印刷
科学出版社发行　各地新华书店经销

*

2019 年 4 月第　一　版　开本: 720×1000　1/16
2019 年10月第二次印刷　印张: 14　插页: 6
字数: 282 000

定价: 98.00 元

(如有印装质量问题，我社负责调换)

前　言

从20世纪开始，影像篡改检验鉴定就在全世界有了相关探讨和应用，但是主要集中在二维图像的分析。近年来，中国视频侦查领域的发展，以及消费类电子拍摄器材(尤其是手机、相机、家用摄像机等)的广泛应用，给视频的篡改检验带来了更多的需求和问题，从而带动了视频影像篡改检验鉴定技术的快速发展。

随着这几年视频监控系统的大量建设，国内视频侦查领域快速发展，视频在公安方面的应用越来越多。同时，消费类电子拍摄器材，比如手机、相机、家用摄像机等广泛应用，视频和照片的获取越来越容易。在司法取证和检验鉴定领域，基于视频和图像的取证应用越来越广泛。人工智能技术的进步，以及各类视频与图像处理、编辑软件的不断发展，使得对视频和影像的篡改变得越来越容易、越来越方便，甚至有的视频在生成时就已经被篡改或是其原始性已经受到了破坏。在公安、检察及司法实践中，越来越多的案件涉及视频和影像的真实性与原始性检验鉴定问题。在举证阶段，越来越多的视频和影像的真实性受到犯罪嫌疑人或当事人的质疑。相当一部分案件中，需要对视频和影像的原始性与真实性进行检验鉴定，才能使得视频和图像成为有效的法庭证据。

由于行业应用的特殊性以及较高的技术难度，目前在视频影像篡改的检验鉴定方面，相关研究团队较少。作者所在团队经过多年的持续研究和开发，并且不断参与国内各类重大案件的司法检验和鉴定工作，已经形成了科研、开发、司法实践一体化的工作机制。对于视频影像的检验鉴定有着深入的理论研究基础和丰富的实战经验，也在不断发展和完善相关理论内容。在实践中，作者团队研发了国内首款视频影像篡改检验鉴定工具软件“警视通影像真伪鉴定系统”，是当前最新视频影像篡改检验鉴定技术的全面集成，在各地的使用中获得了很好的反响。该系统不仅仅是研发人员的杰作，更是全国各地公安、检察、司法干警和专家的智慧结晶。

为了尽快在一线进行推广，北京多维视通技术有限公司、中国科学院自动化研究所以及公安部物证鉴定中心陆续编制了一些培训材料。培训材料在接近三年的使用过程中，受到了各地公安和检察机关的欢迎，且相关单位积极反馈更加全面的理论知识的学习需求。团队在已有培训材料的基础上形成了这部专著。本书对理论发展、技术方法、实践所需要的标准与工具等方面进行了较为详细的阐述，适合从事该工作的人员的基础知识学习和相关实践应用。

本书在编写过程中，得到了公安部物证鉴定中心、北京市公安局等视频侦查技术联合实验室等相关单位的大力支持，也得到了全国各地公安、检察院一线专家、干警和检察官的鼎力相助，更有北京多维视通技术有限公司许多默默无闻的培训讲师、服务专家的精心工作，限于图书出版的规定，只能列出其中一部分作为作者。本书主要由李军宏、黎智辉、胡晰远三位博士进行章节规划和编写，由彭思龙教授和王世君博士进行审核。在编写过程中，公安部物证鉴定中心的专家(谢兰迟、许磊、郭晶晶、许小京、张宁)和北京多维视通技术有限公司的专家(金蒙、王鑫、张旭、蒋鹏、陈晨、汤晓方、修宁波、纪利娥、牛爽、高艳、郑薇等)以及北京市公安局的钟涛对部分章节亦有贡献，全书由汤晓方和修宁波进行校核。出版过程中，科学出版社的领导和编辑也付出了巨大劳动，为本书的出版作出了贡献，在此表示衷心的感谢。

尽管经过集体的努力，本书得以顺利出版，但是鉴于作者能力有限，本书内容可能还有不足之处，欢迎广大读者不吝赐教。作者团队会一直持续研究开发相关技术，也会不断对本书内容进行修订和更新，为中国的司法检验和鉴定事业尽微薄之力。

公安部物证鉴定中心　许小京

2018 年 12 月 3 日于北京

目　录

第 1 章　影像篡改简介

1.1　影像篡改的发展

1.1.1　成像和照相

我国战国时期著名思想家和科学家墨子及其弟子所著的《墨经》记载了这样一个现象："景到，在午有端，与景长，说在端。""景，光之人，煦若射，下者之人也高；高者之人也下。足蔽下光,故成景于上；首蔽上光，故成景于下。在远近有端，与于光，故景库内也。"意思是说，因为光线是沿直线传播的，所以小孔另一侧暗箱里面的像的脚在上、头在下，像是倒立的，见图 1.1.1-1。这个现象就是"小孔成像"，是后世光学相机的基本成像原理。虽然很早就发现了小孔成像的现象，但是由于技术的限制，没有办法保存影像，因此在漫长的两千多年里，人们只能通过绘画的形式将眼睛看到的景象记录下来。

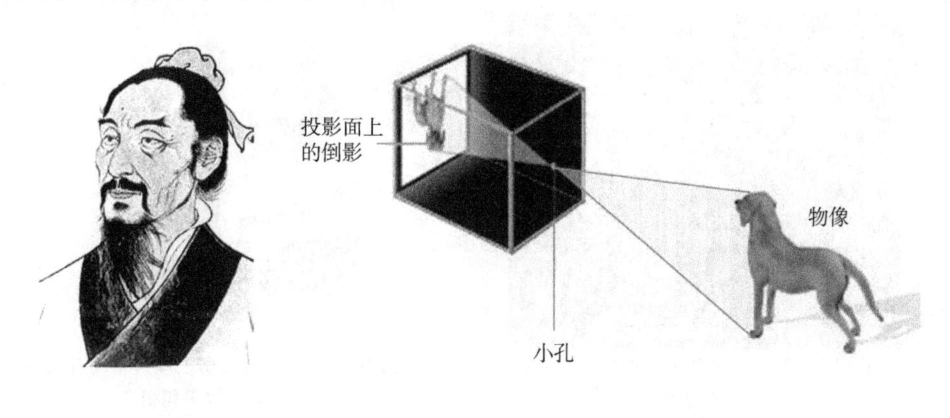

(a) 墨子　　(b) 小孔成像原理

图 1.1.1-1　成像原理

随着时代的进步和科技的发展，经过了许许多多的尝试和失败，人们终于将梦想一步步变成了现实：1725 年，舒尔茨发现银盐具有感光性；1757 年，道龙发明消色差透镜；1793 年，涅普斯开始尝试利用感光物质来固定影像，并在 1826 年，让敷上一层薄沥青的白蜡板曝光八小时，经过熏衣草油的冲洗，获得了人类拍摄的第一张照片《窗外》，如图 1.1.1-2(a)所示；1837 年，同涅普斯合作的达盖尔发明了利用碘化银铜板曝光，蒸以水银蒸气，然后用食盐溶液定影的达盖尔摄影术，并于1839年制成世界第一台可携式照相机，让摄影切实可用起来，如图1.1.1-2(b)所示。1839年8月19日，法国科学与艺术学院宣布达盖尔获得摄影术专利，标志着摄影的诞生，被称为摄影元年。后来人们不断创新和改进技术，诸如玻璃感光板、溴化银明胶干版、赛璐珞胶片、对氨基苯酚显影剂、正光镜头、色彩滤镜、连续摄像机、电荷耦合器件(charge coupled device，CCD)图像传感器等一系列的发现和发明，使得照相从耗时到快速，从奢侈到低廉，从黑白到彩色(图1.1.1-2(c))，从专业到普及，从静止到动态，从光学到数码(图1.1.1-2(d))，走进了人们的日常生活和社会的方方面面，为人类的社会发展和文化传播作出了不可估量的贡献。

(a) 1826年，涅普斯拍摄的人类第一张照片《窗外》

(b) 1839年，达盖尔制成世界第一台可携式照相机

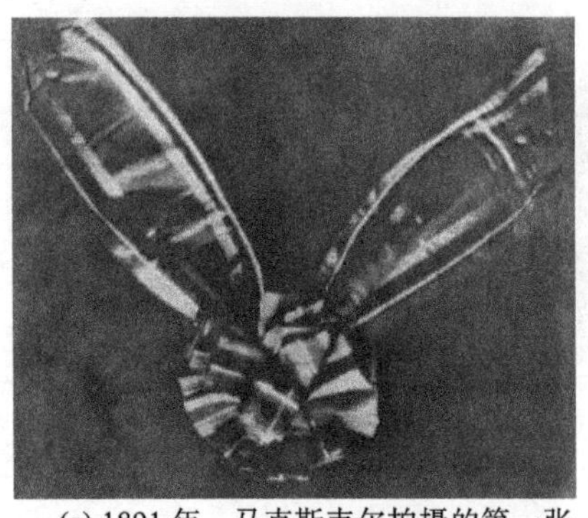

(c) 1891年，马克斯韦尔拍摄的第一张彩色照片

(d) 1975年，柯达公司工程师塞尚开发的首台数码相机

图1.1.1-2　照片与相机的发展(后附彩图)

1.1.2　胶片时代的影像篡改

篡改，狭义上讲，是用作伪的手段对文章、政策和理论进行改动或曲解；广义上讲，只要不尊重客观事实规律而进行的加工和变动，都是篡改。在照片产生之前，人们通过绘画描摹人和物，除了写实之外，还有众多的表现手法，这些都是艺术的创作；但是仍然存在明显的篡改，比较典型的例子就是汉朝画师毛延寿故意把王昭

君画丑，以及给明太祖朱元璋画像时写实画家被杀而美化画家被赏。一个丑化，一个美化，都是通过篡改画像改变真实性达到某种目的。另外，大量存在的画作赝品同样是一种篡改，因为它改变了画作的原始性。

由于没有绘画的专业性和难度，随着照相技术的诞生、发展和普及，使用相机拍摄自然风景、人物生活和历史事件成了新的记录手段。绘画可以在创作时对所绘场景的内容进行加工，或摈弃或添加，或加重或淡化，整个创作过程都可以进行修改；但是照片的记录功能却赋予它一种天然的“写实媒介”属性，底版上的影像就是物理世界的真实客观的再现。但是，和所有事物都有其对立面一样，自从照片诞生的那一天起，影像篡改就一起来到了这个世界。这里面有出于艺术目的的主观创作，也有出于诸如政治目的和个人利益的篡改。“眼见为实，耳听为虚”，而呈现在人们眼前的照片已经失去了那种绝对的真实。不过，由于还没有出现计算机和相应的图像处理软件，当时的篡改都是通过对胶片底版的修改或者拼凑来完成的，相对来说还是专业的摄影师和照相馆才能完成的工作，并没有普及，因此绝大多数被篡改的照片都是摄影师自己的作品或政治家的照片。

照相技术诞生之初的 19 世纪，绘画仍然是传统艺术的主流。当时的普遍观念是，摄影是一种机械手段，无法和艺术家的创造相提并论。这种对摄影的蔑视促使当时的摄影家把提升摄影的艺术地位作为自己的奋斗目标。那时的一些摄影家从创作的角度出发，对“摄影不是艺术而是技术”的观念进行反击。勒·卡雷分开拍摄云和浪，然后将它们组织在一个画面《波涛》中，谱写出自然的壮丽(图 1.1.2-1(a))；皮奇·罗宾逊的《弥留》用了 5 张底版合成，展示了弥留之际亲人之间的爱与不舍(图 1.1.2-1(b))；奥斯卡·雷兰德认为“摄影将使画家成为更好的艺术家，成为手艺更精巧的艺术师”，他用 30 张底版拼凑成巨幅的《人生的两条道路》，通过各种诱惑的组合来教育青年人走勤勉而不是堕落的道路(图 1.1.2-1(c))。这些努力对提升摄影的地位起了一定作用，但是其实与摄影的媒介特性背道而驰。同时代的亨利·艾默生就意识到，摄影应该回归自身，而不是跟在绘画后亦步亦趋。他主张“自然主义”，强调摄影家应该创作出忠于自然和自己视觉经验与感受的照片,而不是主观地去拼凑底版创造照片。

(a) 勒·卡雷的《波涛》

(b) 皮奇·罗宾逊的《弥留》

(c) 奥斯卡·雷兰德的《人生的两条道路》

图 1.1.2-1　绘画与照片

当然，除了这些最初出于艺术目的的主观创作，还有一些出于诸如政治目的和个人利益的篡改。1860年，美国总统林肯站立的照片其实是由林肯坐像的头和卡尔霍恩站像的身体合成在一起得到的(图 1.1.2-2(a))；1864 年，为了塑造尤利西斯·格兰特将军视察部队的威武形象，摄影师把格兰特个人头像安放在骑着马的麦考克少将身上，然后把背景换成了人数众多、纵深感更强的草原(图 1.1.2-2(b))。而出于政治目的考量，1930年，斯大林把与他意见不合的政客从自己身旁抹去(图 1.1.2-2(c))；而在 1939 年，威廉·莱昂·麦肯齐·金把乔治六世从照片中移除，制作出自己和伊丽莎白女王的合影，用于加拿大总理的竞选宣传上(图 1.1.2-2(d))。

(a) 1860 年林肯的照片

(b) 1864 年格兰特的照片

(c) 1930 年斯大林的照片

(d) 1939 年麦肯齐·金的照片

图 1.1.2-2　历史人物照片篡改

1.1.3　数字时代的影像篡改

在计算机和图像处理软件出现之前的胶片时代，虽然照相机逐渐普及，但是影像篡改还需要造假者具有高超的专业技术水平和熟练的暗室工作技巧，因此只是摄影师等少数专业技术人员才能进行的专业操作。然而，迅猛发展的科技却让这一切彻底改变，数码相机和计算机软件的出现，让摄影变得简单的同时，也让影像处理变得简单，特别是近年来，在手机、计算机和 Photoshop(PS)、美图秀秀等影像处理软件普及之后，普通大众也能方便地运用互联网上丰富的影像资源，对照片和视频进行修改。磨皮、美颜这些功能已经被集成到手机应用程序(APP)里面，可以一键得到经过美化的人像；调整图像视觉效果、拼接图像这些基础的篡改，通过诸如增强、润饰、模糊、锐化、剪切、复制、粘贴等 Photoshop 中的简单操作，不需要太高文化水平、稍加培训就可以完成；经过简单的培训，也可以很快学会使用 3D Max 等 CG(计算机图形学)软件制作计算机生成的三维(3D)图像，也就是常说的 CG 图像；还有许多计算机算法可以用于篡改，比如通过 morph 算法还可以将两个事物进行转化，通过年龄合成算法得到一个人各个年龄的照片；等等。另外，对于视频来说，强大的视频处理软件也可以方便地完成插帧、减帧、帧间复制粘贴以及帧内画面修改等操作。

善意的修改为人们的生活增添了不少乐趣，但如果出于某些不当目的而恶意制造和传播一些经过伪造和篡改的影像，就会严重干扰社会正常秩序。别有用心的篡改影像可能会引起军事冲突、政治风波和外交危机；被当作证据的篡改影像如果得不到正确鉴定就可能会让案件黑白颠倒；科技论著如果使用造假图像就违背了学术道德和科学精神，影响学术风气，导致学术腐败；使用篡改影像作为新闻素材就会使新闻丧失真实性；而利用合成照片进行敲诈勒索、侵犯名誉的案件层出不穷，更是侵犯着广大人民群众的切身利益。

下面几个例子可以说明越来越简单的影像篡改已经深入人类社会各个方面。“9·11”事件后，网络上流传出一张飞机撞楼前拍摄的照片(图 1.1.3-1(a))，说是在废墟中找到的相机里保留下来的，博得了大家的同情，但是后来证实照片中的飞机是从另一张照片中剪切并粘贴上去的，照片右下角的日期也是经过改动的；2007年的一张题为《广场鸽接种禽流感疫苗》的新闻照片(图 1.1.3-1(b))中，左上角和右上角的两只鸽子无论从飞行姿态、身体大小还是羽毛色彩分布上都惊人地一致，经过鉴定，是复制了一只鸽子并粘贴到空白处，用以丰富图像内容。

(a) “9·11”事件飞机撞楼前拍摄的照片

(b) 广场鸽接种禽流感疫苗

图 1.1.3-1　现代数字照片篡改

因此，影像篡改取证所涉及的影像真实性、原始性和完整性鉴别是公安部门在物证鉴定和信息安全领域中所面临的一个亟需解决的现实问题，但与此同时，丰富的篡改素材、普及的篡改工具和不断更新的篡改手段，也让这个问题成了一个复杂的技术难题。

1.2　公安行业的篡改鉴定

1.2.1　法庭科学领域应用概况

当前，随着监控视频大规模应用，手机、摄像器材应用普及，视频、照片等影像资料来源丰富，在很多案件中都会涉及影像资料作为线索、证据，应用于侦查、诉讼过程中的情况。因此，法庭科学领域对影像篡改鉴定的需求也日渐增长。根据在案件中应用场景的区别，这些需求主要可以分为两类：

(1) 案件证据的真实性检验需求。如《中华人民共和国刑事诉讼法》规定声像资料是八类证据之一。证据的合法性、真实性和关联性是三大根本属性。法庭对于声像资料证据的审查就包括其是否经过编辑、修改。因此，在确定声像资料证据的真实性过程中，经常需要对其是否经过篡改进行鉴定。如果发现有篡改的痕迹，证据的真实性必然会遭到质疑。一些情况下，未经真实性确认的影像证据有可能会被否定。其他国家也有类似的证据要求，如在美国北卡罗来纳州 2015 年审判的案件 State v. Snead[1]中，被告认为监控录像未经验证，因而错误地使用了监控证据，这一质疑被法庭采纳。

(2) 通过影像是否经过篡改来确定案件的侦查方向。在一些案件中，如果相关的影像资料被证实经过了篡改，就会为侦查人员提供不同的侦查方向，如举报很可能就是敲诈勒索。

对于法庭科学领域的鉴定人员来说，面对的检材特点有：种类多、情况复杂、图像质量差别巨大。如果要有效地进行鉴定应用，一方面要掌握必要的分析方法，如成像过程分析、模糊图像分析、影像特征分析等；另一方面要掌握大量的图像合成手段及了解与之对应的对图像特征的影响。

1.2.2 国内外相关机构

国外一些法庭科学机构和组织开展影像篡改鉴定相关工作。2015 年停止运营的美国影像技术科学工作组(Scientific Working Group on Imaging Technology，SWGIT)于 2013 年发布了《影像鉴定应用指南》，该指南为美国法庭科学影像篡改鉴定给出了基础的参考。美国数字证据科学工作组(Scientific Working Group on Digital Evidence，SWGDE)在 2018 年也发布了相关应用指南草案，主要针对篡改鉴定。荷兰法庭科学研究所也很早就开始研究和应用图像真实性检验技术，尤其在利用相机的照片光响应非一致性(photo response non-uniformity, PRNU)特征确定照片的来源相机，并以此检验照片的真实性方面做了很多探索。美国联邦调查局(Federal Bureau of Investigation，FBI)实验室也开展了影像真伪鉴定业务。

目前国内法庭科学领域从事影像篡改鉴定的机构主要包括以下几类：一是法庭科学部门，如公安部物证鉴定中心、司法部司法鉴定科学研究院、各省公安厅物证鉴定中心和刑科所大都有相关专业；二是政法院校，如中国刑事警察学院、中国人民公安大学、中国政法大学等。其中公安部物证鉴定中心 2010 年制定了相关的公安行业规范，司法部司法鉴定科学研究院 2010 年制定了相应的司法鉴定行业规范。

1.2.3 法庭科学领域影像鉴定的概念

要把握影像篡改鉴定工作中的问题，首先需要理解相关概念。法庭科学领域所关注的影像鉴定具有明显的证据应用背景。如 SWGIT 发布的《影像鉴定应用指南》

中所指的法庭科学影像鉴定(Forensic Image Authentication)为“应用图像科学和专业知识来辨别有疑问的图像或视频是否在某种确定的原则下正确地表示了原始数据”(Forensic Image Authentication is the application of image science and domain expertise to discern if a questioned image or video is an accurate representation of the original data by some defined criteria)。在这个表述中，对影像鉴定进行了概括的说明，认为影像鉴定是确定疑问图像和原始数据之间的一种关系，在正常情况下，这种关系是指图像与原始数据之间的正确表示关系。由于该指南的主要内容关于图像篡改检验，因此也可以认为上述关系反映了对真实性的要求。这里所指的原始数据其实比较难以把握。通常情况下，进行篡改鉴定时，原始数据是理想状态下的存在，实际鉴定过程中无法获得，因此，需要在某种确定的原则下通过被鉴定的影像来判断是否正确地表示了原始数据。SWGED 公布的《图像鉴定应用指南草案》也有类似的描述。

在我国公共安全行业标准《图像真实性鉴别技术规范 图像真实性评价》(GA/T 916—2010)中定义的图像真实性为“当图像内容为一次成像形成时，图像是在成像设备的约束下对场景的真实反映”。这个定义强调了图像和场景之间的真实反映关系。

以上两种对真实性鉴定的要求有一定的区别。前者(SWGIT 及 SWGED)所提出的是图像与原始数据之间的关系，后者提出的是图像与场景之间的关系。在实际应用过程中，无论是图像与原始数据还是图像与场景之间的关系，都需要对图像所包含的内容进行分析。

1.2.4 存在的问题

总体来看，法庭科学领域正在逐步建立影像篡改鉴定框架，相关的方法、标准已经部分建立，但还面临一些问题，主要包括以下几方面：

(1) 技术体系亟待完善。尽管国内外都初步建立了相关的鉴定框架，使得篡改鉴定的应用成为可能，但是在技术上目前还难以成体系。当前主要关注的技术手段包括有限的几种。

(2) 技术方法稳定性和一致性的研究需要更深入。目前在应用领域关于技术方法稳定性和一致性的研究工作很少有报道，因此在应用过程中方法难以使用，需要更多的应用研究结果来支撑方法的应用限制、可靠性等。

(3) 对篡改本身的研究还较缺乏。对篡改过程的研究其实是篡改检验方法的最有效的来源。目前对篡改过程的系统研究工作很少有文献报道，这也是目前篡改检验中的一个有前途的研究方向。

1.3 原始性、真实性、完整性检验

在影像资料中，与篡改检验相关联的概念涉及原始性、真实性、完整性，这些

概念有一些明显的联系，也有一些明显的区别。

在已发表的文献[1]中，有对数字影像原始性、真实性及完整性的讨论，指出数字影像证据的原始性难以实质性界定，也难以进行技术证明，更多情况下需要由法律规定的程序来保证。从文献讨论结果来看，原始性更像一种理想状态的概念，包括了真实性的内容，但难以应用。真实性的内容被包含在原始性中，但在应用中更具操作性。对于完整性，文献认为所谓完整的影像证据，必须提供描述目标特征或事件过程事实的必要信息。显然，完整性与原始性及真实性是不同的属性。不具备完整性的影像资料可能是原始的，也可能是真实的；不真实的影像资料的完整性可能受到影响，也可能不受影响。由于关于完整性的讨论较少，需要更多的研究来支持其应用。

参 考 文 献

[1] 黎智辉，林景，张宁，等. 数字影像证据真实性、原始性和完整性辨析. 刑事技术，2017，42(4)：329-331

第2章　数字影像基础知识

2.1　数字照片的生成过程

2.1.1　介绍

数码相机的诞生经历了漫长的时代，从最早的针孔成像开始，历经便携式木箱照相机、湿版照相、干版照相、照相软片、中小型照相机、拍立得照相机、插盒式装片照相机等不同的发展阶段，直到20世纪80年代进入了数码相机发展的第一个阶段，称之为模拟式电子静像照相机(又称静像视频照相机)。1988年。世界上首台公认的数码相机(富士DS-1P)问世，同时也标志着数码时代的到来。

数码相机不同于传统的相机，CCD图像传感器和存储卡取代了胶卷，胶卷一次信号记录成像的缺陷得到了本质的改进。数码相机的基本组成主要包括镜头组件、取景系统、成像系统、图像的存储设备、图像的输出系统和电源等[1]。数码相机结构示意图如图2.1.1-1所示。

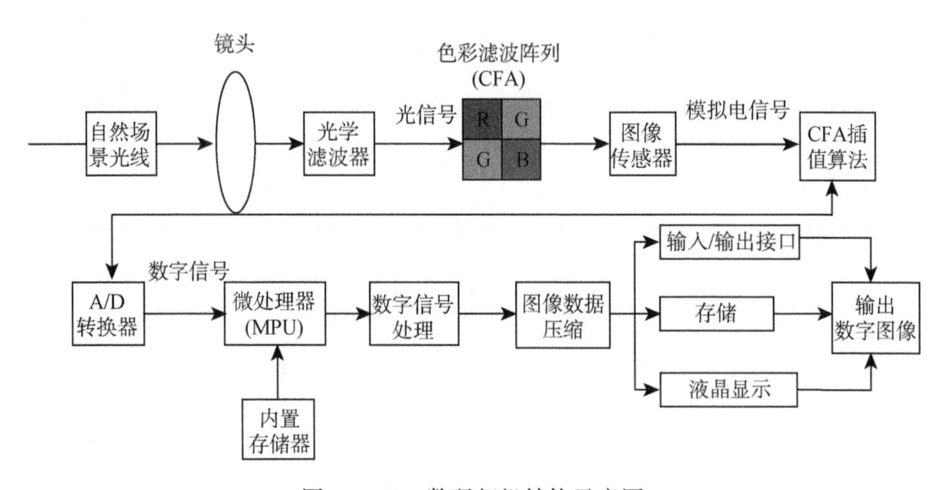

图 2.1.1-1　数码相机结构示意图

1. 镜头

镜头是数码相机中最重要的组件，也是划分相机品质的标准。当数码相机镜头对准景物时，景物反射的光线通过主透镜在CCD的感光面上形成一幅二维的光学图像，并通过彩色阵列式网格滤色片分离出三基色信号 R、G、B，再由 A/D(模拟/数字)转换器转换为数字信号，就可以记录在存储卡上进行后期视频图像的编码输出。

为使不同位置的被摄物体成像清晰，除镜头本身需要校正好像差外，还应使物距、像距保持共轭关系。为此，镜头应该能前后移动进行调焦，所以较好的照相机一般都应该具有调焦机构。

2. 取景系统

为了确定被摄景物的范围和便于进行拍摄构图，照相机都应装有取景器。现代照相机的取景器还带有测距对焦功能。数码相机的取景系统大致有两种取景方式：一种是传统的光学取景方式，另一种是电子取景方式。

数码相机的光学取景器与传统相机的取景器相同，又可分为同轴取景器和旁轴取景器两种形式。同轴取景器取景时没有视差，便于取景拍摄；旁轴取景器取景时，实际拍摄的物体与取景器上所观察到的景物存在一定的视差。

现代的数码相机与传统相机相比，其很重要的特色部件就是采用了液晶显示器(liquid crystal display，LCD)作为电子取景器。数码相机的电子取景器有两种形式：一种是将微型 LCD 放置在旁轴取景器内部，另一种是用数码相机上的大屏幕 LCD 取景器取景。两种取景方式各有利弊，可互补选用。

3. 成像系统

数码相机拍摄时，成像过程会受一些硬件因素的影响，如闪光灯、光圈快门、传感器、A/D 转换器以及数字信号处理器等。

闪光灯可以增加曝光量，有助于昏暗场景下的拍摄。但是，闪光灯的光线可能会使人物眼睛的瞳孔发生残留的现象，也就是红眼现象。因此，闪光灯在使用时也分多种情况，如自动闪光、强势闪光、慢速闪光、开防红眼、前/后帘同步闪光、调节闪光灯距离以及外接闪光灯等。

光圈用来在曝光时控制通光口径大小，通过调节光圈不仅能控制镜头通光量的大小，而且可以改变景深的范围。所谓“景深”就是用调焦使影像清晰，在焦点的前后一段距离内的区域，能够清晰显现周围的景物，这一范围称为景深。景深与光圈的大小成反比。若镜头的焦距和物体的被拍摄距离都维持不变，光圈越大，则景深越小；光圈越小，则景深越大。

快门控制着曝光时间，想要在图像传感器上得到正确的曝光量，合适的曝光时间也是非常重要的环节。

图像传感器的作用是将光信号转换成电信号，因此数码相机的成像品质直接由图像传感器的品质决定。

A/D 转换器主要是将图像传感器生成的模拟电信号转换成数字电信号，并将信号传送到数字信号处理单元。该过程包含采样、量化、编码，因此 A/D 转换器的量化精度编码位数越高，数据失真越小，影像还原后的品质越高。

数字信号处理器(digital signal processor，DSP)需要对数字化后的庞大的数据进行下一步的压缩、存储，它的功能是通过一系列复杂的数学算法，对数字图像进行优化处理，如白平衡、彩色平滑、伽马校正与边缘校正等。现在多数相机采用的JPEG(Joint Photographic Experts Group)编码压缩算法是以自然场景图像为对象的彩色静态图像数据压缩的国际标准。这是一种有失真数据的高比例的数据压缩方式，压缩过程中会丢失一些人眼所不敏感的图像信息，越是高比例的数据压缩，丢失的数据越多，解压缩的效果越差，得到的图像质量越低。

4. 图像的存储设备

数码相机中存储设备的作用是保存数字图像数据，这如同胶卷记录光信号一样，不同的是存储设备中的图像数据可以反复记录和删除，而胶卷只能记录一次。为了代替传统相机中的胶卷，数码相机专设了存储介质。总括起来，存储介质分为三大类：存储芯片、磁性材料和光盘。目前真正流行的只有存储芯片方式，而且一般采用闪存芯片。常见的几种存储卡有CF(compact flash)卡、SM(smart media)卡、MS(memory stick)卡、MMC(multi media card)、SD(secure digital)卡及xD(xD-picture)卡。

5. 图像的输出系统

数码相机需要依靠输出系统将图像文件下载到计算机中进行编辑处理等工作，或是连接到电视机上浏览拍摄的图像效果。数码相机的输出接口有早期的串行数据接口(serial port)RS-232、现代的通用串行总线(universal serial bus，USB)技术接口、高速小型计算机系统接口(small computer systems interface，SCSI)、IEEE 1394接口(火线接口，fire wire)、IrDA红外通信端口、并行接口(parallel port)及视频输出(AVOUT)接口。目前图像的输出多以液晶显示为主，可方便地观看图像或视频。

6. 电源

数码相机的任何一步操作都离不开电源，因此节能性、兼容性等成了电源的必备指标。电源接入方式分为两种：外接电源及电池。常见电池有普通碱性电池(Zinc-MnO_2)、镍镉(nickel cadmium)电池、镍氢(nickel-metal hydride)电池及锂离子(lithium ion)电池。

2.1.2 镜头

镜头是相机的眼睛，是相机必不可少的第一组件。不论是数码相机还是传统相机，首先接收的都是景物的光学信息，不同的是，数码相机的本质是把一组一定亮度和光谱的光线转化为一堆二进制数，然后保存在某种记录介质上，属于光信号和电信号的转换，通过后期一系列的处理，最终可以看到生动形象的电子影像。

镜头组件[1] (简称镜头)是由一组透镜组成的，其结构比较复杂，包含透镜、电子快门、透镜组 1、透镜组 2 以及 CCD。镜头组件原理结构如图 2.1.2-1 所示。拍摄的影像就是沿着这条光路投射在 CCD 上成像的。组件中的焦距调节系统和快门系统是由透镜组 1 和电子快门构成的，二者连接在一起，由电机驱动。在电机的带动下，透镜组 1 和电了快门固定为一体，它的上部在一个滑动轴上，在电机的带动下可以前后移动，进行焦距调节，从而获得最清晰的图像，由电子快门控制曝光。多组透镜是完成光学成像的，而最后的 CCD 可以把光信号转换为电信号。

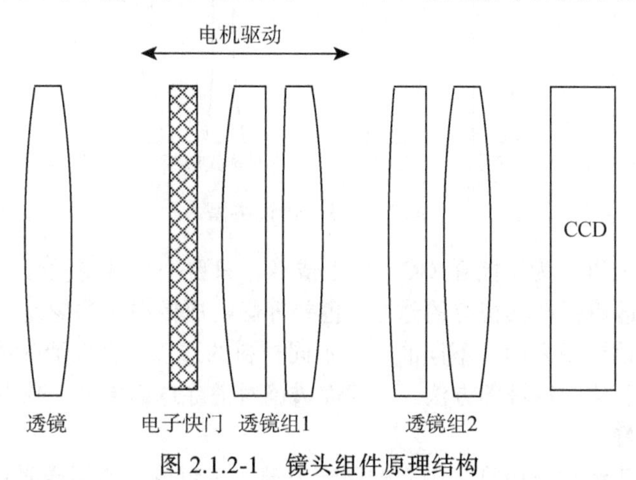

图 2.1.2-1　镜头组件原理结构

透镜是镜头的基本光学元件之一，透镜主要分为会聚透镜和发散透镜两种类型。透镜如图 2.1.2-2 所示。光学组件中，镜片中间比边缘厚的称为会聚透镜(又称正透镜或凸透镜)，镜片中间比边缘薄的称为发散透镜(又称凹透镜)。会聚透镜能使平行光束通过时会聚于一点，因此只有会聚透镜才能结成影像。发散透镜会使平行光束通过时向外发散，因此单独使用发散透镜是不能成像的。发散透镜在复式镜头组合中的主要作用，仅仅是校正各种像差的缺点，使镜头更为完美精确。

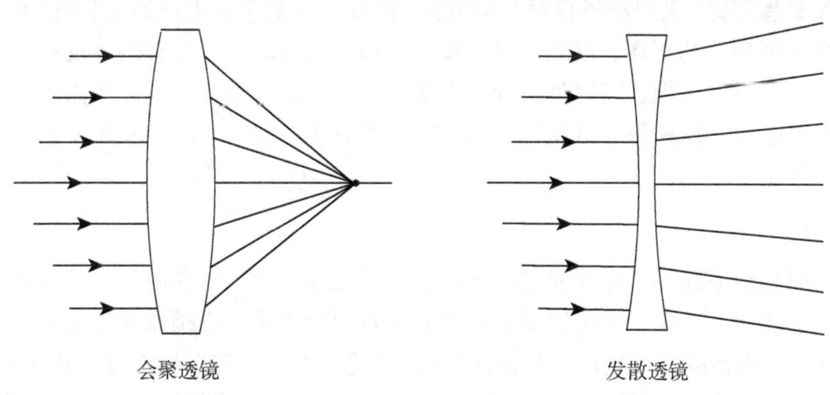

图 2.1.2-2　透镜

常见的会聚透镜和发散透镜有几种类型，从透镜的形状可分为不对称式双凸透镜、对称式双凸透镜、平凸透镜、负弯月透镜、不对称式双凹透镜、对称式双凹透镜、平凹透镜、正弯月透镜等多种。透镜类型如图 2.1.2-3 所示。

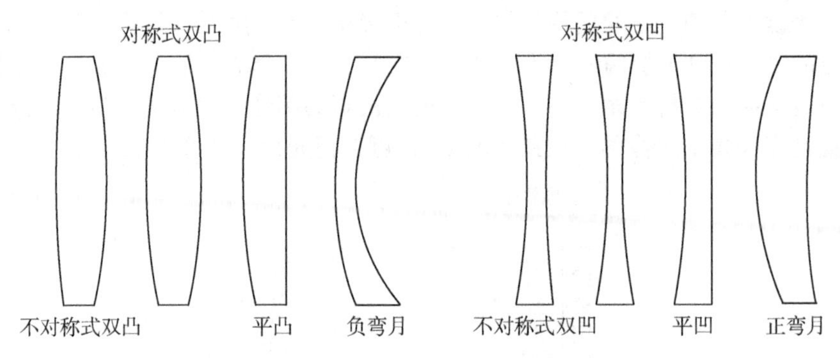

图 2.1.2-3 透镜类型

单从理论上讲，为了能在 CCD 面上成像，只要一片透镜就行了，但是在实际应用中，由于透镜存在其特有的球差、色差等影响成像质量的像差，为了解决像质问题，在镜头设计中采用了不同曲率、不同材料的透镜组合以消除或减轻其影响。此外，也有用非球面透镜的方法。非球面透镜对消除球面像差、减少透镜片数、提高像质效果很好。

相机的镜头组件可由许多独立的磨光玻璃元件组成，或用透明塑料压制而成，它的功能是将光线聚焦到感光面上。镜头组件的质量越高，拍出的照片就越清晰，数码相机镜头组件的主要功能就是将光线会聚到 CCD 或互补金属氧化物半导体(complementary metal-oxide semiconductor，CMOS)图像传感器上。对于定焦相机，镜头、物体和聚焦平面之间的理想距离要精确计算，从而固定镜头组件和光圈的位置。对于变焦相机，有一个机械装置可向前或向后移动镜头组件，一直让它保持在聚焦平面中央，使拍摄者能够捕捉到距离镜头更近或更远的物体。大多数数码相机具有内置聚焦装置，采用红外自动对焦方式。这些相机测量波束反射回相机的时间，并计算相机到物体的距离，以此来移动镜头组件。高品质的专业数码单反相机使用一种波动自动对焦系统，其原理是读出图像，并比较取景器中相邻范围内物体的对比度。使用这种系统聚焦非常精确，而且还可及时更换镜头，因为聚焦是通过安装的镜头来测量的。

2.1.3 CFA[2]

在数码相机系统中，光线通过由镜头组成的光学系统，打在由行和列组成的平面数码传感器上，通常一个传感器芯片拥有上百万个像素，传感器本身是一个单色电子元件，只能感应光线亮度，不能感应色彩信息，为此，在光打在传感芯片之前，它要首先通过一个彩色滤波阵列 (color filter array，CFA)，使得相应的彩色光透过，而滤除其他颜色的光。为了得到全彩色图像，必须在每个像素位置通过插值得到滤去的其余两种光的色彩。

对于彩色的主体，灰度图像感应器只能记录到黑白图像，而不是彩色图像。一般 CFA 是使用染色的方法来直接涂覆于传感器本身的，为此，Bayer 博士发明了拜耳矩阵(Bayer color array)，是单板式彩色图像传感器的滤色阵列之一，G(绿)为方格状，R(红)与 B(蓝)交替排列且两者之间无缝隙。常用的彩色滤波阵列有 Bayer CFA、马赛克(mosaic) CFA、条带(stripe) CFA，如图 2.1.3-1 所示。其中，Bayer CFA 作为最经典的阵列，应用最为广泛。

R	G	R	G	R	G
G	B	G	B	G	B
R	G	R	G	R	G
G	B	G	B	G	B
R	G	R	G	R	G
G	B	G	B	G	B

Bayer CFA

R	G	B	R	G	B
G	B	R	G	B	R
R	G	B	R	G	B
G	B	R	G	B	R
R	G	B	R	G	B
G	B	R	G	B	R

马赛克 CFA

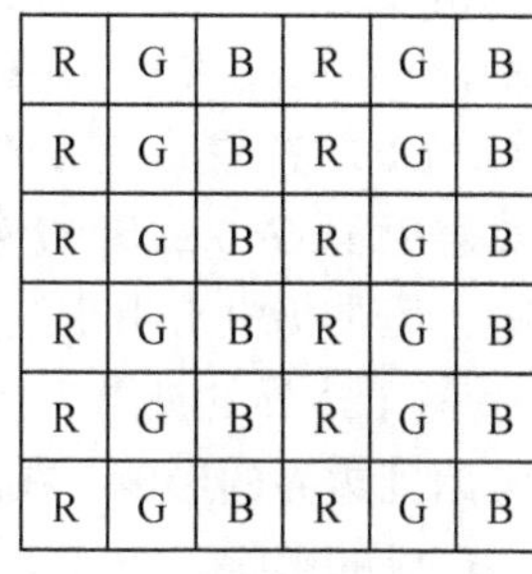

条带 CFA

图 2.1.3-1　常用的彩色滤波阵列

由于 CFA 的作用，图像的每个空间像素上仅有一种颜色(红色、绿色、蓝色)，但是从人的视觉感受上或对图像进行编辑、打印的时候，需要的是一幅全彩图像，因此就需要补充缺失的色彩信息。颜色补差是通过单像素、单颜色图像来估计损失的其他两种颜色的过程。目前，几乎所有的补差算法都是通过被处理点周围的像素来估计丢失的颜色值，这样，所有的补差算法均不可能完全恢复全彩色图像，总会或多或少地出现一些失真现象。为了解决这些问题，不少学者提出了大量的插值算法，比较典型的算法有双线性法、色比恒定插值方法、双相关边界算法、基于边界的补差方法、Ron Kimmel 算法等。

1) 双线性法

双线性法(bilinear)属于单通道独立差值法，是最传统、简单、基础的插值算法之一。该方法始终取 3×3 滤波器的平均值，忽略了细节信息，以及图片三个颜色通道之间的相关性，容易在细线状态结构的边缘处产生锯齿形图案。

2) 色比恒定插值方法

根据蒙德里安(Mondrian)的彩色模型，从物理光学角度论证，在一幅图片的小平滑区域，其色彩亮度总是自然过渡的，色比(通常定义为 R/G，B/G)基本上不会发生突变。由于图像的色彩亮度是均匀的，可以认为两种通道的强度之比为恒定值，这个理论同时也符合局部区域的物理特性，这就是色比恒定原理。

色比恒定插值(color ratios interpolation)方法实现时，首先利用双线性法恢复出绿色分量，此时整幅图片的绿色分量均可以插值获得，然后用色比恒定来恢复红色和蓝色通道的信息。该方法考虑了不同颜色通道间的相关性，重构图像的质量也有了明显的提高，但是该方法也存在一定的缺陷。当 $G=0$ 时，色比无意义；当 G 趋近 0 时，色比值很大，易产生噪声。该方法没有考虑图像中的边界，采用同样的插值规则会引入邻域内不相关的像素，并产生各种图片误差与失真现象，如边界区域的锯齿(zipper)效应、颜色损失、噪声点等。

3) 双相关边界算法

双相关边界算法利用色比恒定原理和色差恒定原理，计算被处理像素邻近点的 Kr、Kb($Kr=G-R$，$Kb= G-B$)，通过红绿通道之间的相关性求出 R 值上的 G 分量。完成 G 通道的补差后，可通过补差出来的 G 分量来恢复损失的 R 值和 B 值。该方法有效避免了 $G=0$ 或者 G 趋近 0 的情况，在一定程度上弥补了色比恒定插值方法的缺陷，但是仍没有考虑边界对图像的影响。

4) 基于边界的补差方法

考虑到边界的影响，在颜色补差过程中，研究者提出了一系列方法来处理边界对插补造成的影响，如基于梯度的方法、Hamilton 自适应方法等。基于梯度的方法为保证插值是沿着边界方向，没有越过边界，在恢复绿色分量的时候，先通过计算梯度来检测边界的方向，从而选择边界的插补。Hamilton 自适应方法是对基于梯度的方法的一种改进，基本原理还是先恢复 G 值，再恢复 R、B 值，无论是哪种情况，均考虑到边界检测的概念。

5) Ron Kimmel 算法

Ron Kimmel 算法更有效地利用了邻域像素，对细节进行了更合理的分析，认为在每个像素都存在四个方向(水平、垂直、对角方向)上的微分子，通过计算所有像素的微分来计算邻域内各插值分量的加权系数。基于边界的方法均采用了一种平滑的均值插值法则，每个插值拥有等同的权重，这样的处理忽略了较多图像的细节信息，很难避免图像边界区域的错误插补。Ron Kimmel 算法更合理地保证了图像细节以及图像的边界色彩，使图像的视觉效果更佳。

2.1.4 传感器

图像传感器又称光电传感器，是数码相机的主要部件之一，它的作用是将光信号转换成电信号，图像传感器品质的高低直接决定了数码相机的成像品质。图像传感器可分为 CCD 图像传感器和 CMOS 图像传感器两类。

1. CCD 图像传感器

CCD 图像传感器是一种半导体光电转换器件，是由许多个光敏像元按一定的规律排列组成的。CCD 基本结构示意图如图 2.1.4-1 所示。CCD 图像传感器的工作原理是把光能量通过光电二极管转换为电荷，将光电二极管产生的电荷通过门电路送往 CCD 移位寄存器，通过转移信号，电荷被顺序送往输出部分。

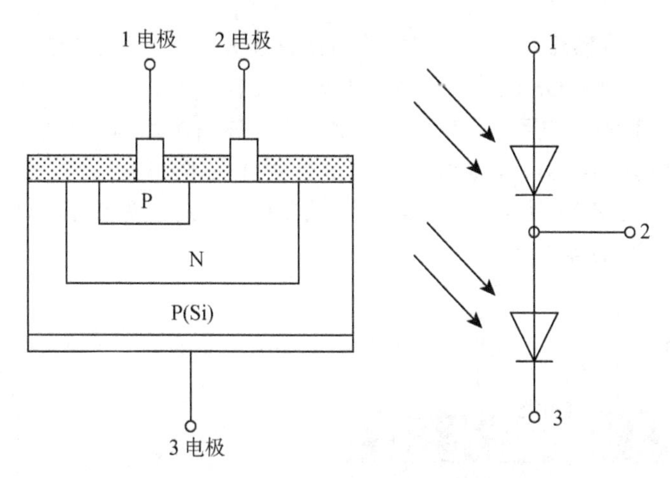

图 2.1.4-1　CCD 基本结构示意图

CCD 图像传感器的功能主要由四部分组成：光电转换、电荷的存储、电荷的转移、电荷的检测[3]。

(1) 光电转换是根据照射到摄影面的光强弱产生电荷，也就是存在于物质的电子自光取得能量后改变状态，只要施加少许电场，电子就呈现自由运动状态的现象。普通电容器的两个极板都是金属导体，而 CCD 的电容有一个极板是半导体。用光照射半导体衬底时，半导体就会产生大量的电子空穴对，其导电性随之大大增强，加有偏压的 CCD 电容就能存储许多电荷，其电荷量与入射光强度成正比，光线越强，存储的电荷就越多，这就实现了 CCD 的光电转换功能。

(2) 电荷的存储是搜集光电转换所得到的信号电荷，直到输出前的存储动作。金属极板、绝缘层和半导体层看起来很像一个平行板电容器，电荷存储就是通过电容器对电荷进行存储的，并且极板上所加偏压越高，存储的电荷越多。

(3) 电荷的转移是 CCD 的功能。CCD 电荷传输的原理，用一句话来说就是移动存储电荷的电势阱。为了实现电荷的转移，把 CCD 上的一个个电容按一定的方式连接起来，并在每组电容器的电极上分别加上时钟驱动脉冲。

(4) 电荷的检测是从 CCD 图像传感器的光电二极管起，到达输出部分之前将转移的信号电荷转换成电信号的动作。其原理就是将转移过来的电荷转换成电容器两端的电压变化。

CCD 图像传感器从外形分类，可分为线阵 CCD(linear CCD)和面阵 CCD(array CCD)。线阵 CCD 是将 CCD 的单元连接成一个长条形，而数码相机中常用的图像传感器排列成一个面阵形，称为面阵 CCD。面阵 CCD 能更细腻地分辨图像，更能保证图像的精细度。

2. CMOS 图像传感器

CMOS 图像传感器是由光电二极管与接收放大、选择和复位的 MOS 晶体管等个别元件构成的。CMOS 图像传感器是互补金属氧化物半导体，它的每个单元电路中包含两个互补的晶体管：N 型金属氧化物半导体晶体管(NMOS)和 P 型金属氧化物半导体晶体管(PMOS)。NMOS 和 PMOS 这两种晶体管的互补性使得 CMOS 的速度快、功耗低。CMOS 具有生产工艺成熟、成本低、集成度高等优点。CMOS 基本结构示意图如图 2.1.4-2 所示。

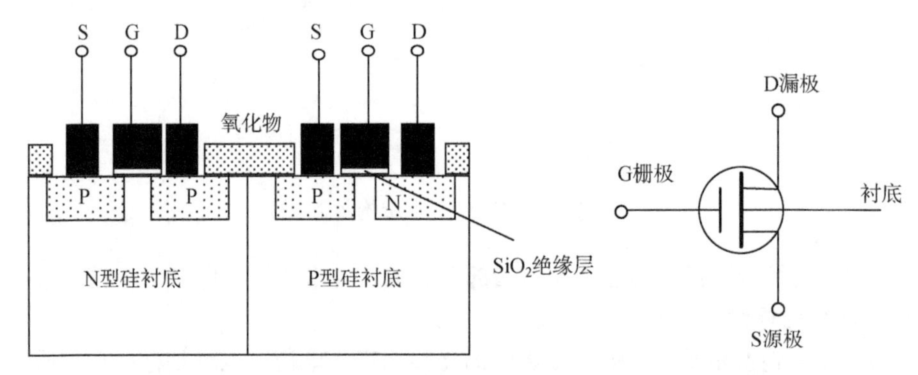

图 2.1.4-2　CMOS 基本结构示意图

N 型半导体也称为电子型半导体，N 型半导体即自由电子浓度远大于空穴浓度的杂质半导体。P 型半导体也称为空穴型半导体，P 型半导体即空穴浓度远大于自由电子浓度的杂质半导体。在纯净的硅晶体中，添加五价元素磷(元素符号 P；phosphorus)或砷(元素符号 As；arsenic)，使之取代晶格中硅原子的位置，就形成 N 型半导体。在纯净的硅晶体中，添加三价元素硼(元素符号 B；boron)，使之取代晶格中硅原子的位置，就形成 P 型半导体。栅极 G(gate)是起控制作用的电极，源极 S(source)是起集电作用的电极，漏极 D(drain)是起发射作用的电极。

目前，CMOS 图像传感器已发展为三大类，即 CMOS 无源像素图像传感器(PPS)、CMOS 有源像素图像传感器(APS)和 CMOS 数字图像传感器(DPS)。DPS 是在 CMOS 图像传感器片上集成 A/D 转换器，在片内实现信号的数字化，可分为芯片级、像素级和列级三种。像素级指每一个像素有一个 A/D 转换器，列级指每一列像素有一个 A/D 转换器，芯片级指每一个图像传感器阵列有一个 A/D 转换器。芯片级使用一个高速的 A/D 转换器，列级使用多个较低速度的 A/D 转换器，而像素级则使用多个低速的 A/D 转换器。像素级 A/D 转换器有许多优点，如低噪声、低功耗、可持续观察像素的输出、降低系统噪声、扩大动态范围、提高像素的电荷处理电容。

CMOS 图像传感器与 CCD 图像传感器相比，有许多异同点。CMOS 和 CCD 使用相同的感光元件，具有相同的灵敏度和光谱特性。它们之间的不同之处在于以下几个方面[4]：

(1) CMOS 与 CCD 在光电转换后的信息读取方式不同。CCD 存储的电荷信息需要在同步信号控制下一位一位地实施转移后读取，电荷信息转移和读取需要有时钟控制电路和三种不同的电源相配合，整个电路较为复杂，耗电量大；CMOS 图像传感器则以类似动态随机存取存储器(dynamic random access memory，DRAM)的方式读出信号，电路简单，且只需使用一个电源，耗电量非常小，仅为 CCD 的 1/10，CMOS 图像传感器在节能方面具有很大的优势。

(2) CMOS 图像传感器经光电转换后直接生产电流(或电压)信号，信号读取十分简单。CCD 仅能输出模拟信号，输出的电信号还需要经过后继地址译码器、A/D 转换器、图像信号处理器处理，集成度低。

(3) 时钟驱动、逻辑时序和信号处理等其他辅助电路难以与 CCD 集成到一块芯片上，这些辅助电路可以由 3~8 个芯片组合实现，同时还需要一个多通道非标准供电电压来满足特殊时钟驱动的需要。为了获得信号的完整性，在像元间，信号需要进行完全转移，随着阵列尺寸的增加，电荷转移要求更加严格准确；借助大规模集成制造工艺，CMOS 图像传感器能很容易地把上述功能集成到一块芯片上。

(4) CCD 图像传感器图像信息不能随机读取，而这种随机读取对很多应用是不可少的；CMOS 图像传感器可以对局部像素图像编程随机访问。

(5) CCD 制作技术起步早，采用 PN 结或二氧化硅隔层隔离噪声；CMOS 通过采用新工艺和改善双关采样电路等独有的传感器技术能有效降低固定模式噪声(FPN)，减少暗电流。CMOS 有源像素传感器技术提高了信噪比，在成像质量上非常接近 CCD 水平。

2.1.5　小结

从传统相机到数码相机的诞生，经历了漫长岁月，数码相机从根本上解决了传统相机一次信号记录成像的弊端，从数码相机的构成角度出发，分别介绍了镜头组件、取景系统、成像系统、图像的存储、图像的输出和电源等。从数字照片的生成过程出发，着重介绍了镜头的原理、CFA 插值算法以及图像传感器的工作原理。当数码相机镜头对准景物时，景物反射的光线在 CCD 的感光面上形成一幅二维的光学图像。为了得到红、绿、蓝三基色的信息，采用一种彩色阵列(也就是 CFA)式网格滤色片罩在 CCD 图像传感器光面上，通过这层特殊的网格滤色片分离出三基色信号 R、G、B 来。三基色信号 R、G、B 经过 DSP 进行阶梯变换、黑平衡调整、白平衡调整等处理后，再由 A/D 转换器转换为数字信号，就可以记录在存储卡上，还可以经 D/A 转换器转换成为普通视频信号输出。最后，可以通过 LCD 观察被拍的景象。

2.2　数字照片的压缩存储

2.2.1　介绍

信息是信息时代人类社会的主要特征。随着社会经济的发展和科学技术的进步，信息视觉化技术越来越受到人们的重视。现在，人们每天都可以通过各种手段获得大量的信息，而信息的本质就要求交流和传播，在必要的时候还要进行存储。百闻不如一见，人们传递信息的重要媒介是图像。图像传输是现代社会每时每刻都在进行的工作，图像已经成为日常生活中必不可少的信息产品，但是数据量大是数字图像的一个显著特点。大数据量的图像信息会给存储器的存储容量、通信干线信道的带宽、计算机的处理速度等增加极大的压力，也给数字图像的传输带来很大的困难。因此，如何利用有限的传输和存储资源来传输和保存更多的图像信息，是需要解决的一个重要问题。

庞大的图像数据中其实隐含着大量的各种各样的冗余信息，这些冗余信息的存在为我们实现图像数据压缩提供了可能性。图像中的冗余可以分为几类：统计冗余、结构冗余、知识冗余和视觉冗余。其中，统计冗余又可以分为空间冗余、时间冗余和信息熵冗余三类。

(1) 空间冗余：空间冗余指的是在数字图像中像素与像素之间、行列与行列之间存在着的空域相关性。一幅图像总会存在着若干大小不等的像素值差异不大的平稳像素区域，这些区域中除了边界点外，相邻像素点之间的像素值差别不大，并且像素值之间还存在着一定的相关性，这种相关性就是我们所说的空间冗余。

(2) 时间冗余：在视频数据中，经常会出现相邻两帧相对变化不大的情况，这样这两帧在时间上就存在着很大的相似性，即时间冗余。

(3) 信息熵冗余：图像的信息熵大小指明了图像数据所携带的信息量的大小。根据信息论相关理论我们知道，图像中一个像素所携带信息量的大小取决于该像素值出现的概率大小，出现的概率越大，携带的信息量越小；同理，出现的概率越小，携带的信息量越大。显然，信息量越大，编码时需要的位数也就越多，这样码字就越长。我们知道，编码的理想状况就是编码后的平均码长等于图像信息熵。如果编码时我们简单地取统一的编码码长，就会造成平均码长大于图像信息熵的情况，这样就形成了信息熵冗余。

统计冗余普遍存在于图像当中，但是有些图像像素间还存在着其他类型的冗余，它们对图像压缩效果的影响同样重大。例如，在有些图像中的部分区域内存在非常强的纹理结构，这种纹理结构之间就存在冗余，我们把它叫作结构冗余。有些图像和我们已经了解的图像知识有很大的相关性，这种相关性可以运用相关的先验知识得到，我们称之为知识冗余。视觉冗余是指人眼能区别的图像差异，例如，一幅图像压缩后有两个结果，其中一个压缩程度稍微小些，但是人眼完全无法分辨出两幅图像的差异，那么压缩程度小的那一幅相对于另一幅就存在着视觉冗余。

因此，图像压缩的本质就是减少这些冗余量。冗余量的减少虽然减少了图像的数据量，但是并没有影响图像信息源的信息熵。在数学上，我们可以把一幅图像看成一个二维数据矩阵，压缩这个数据矩阵的数据量就意味着减少它的元素之间的相关性。而且在有些情况下，我们容许图像存在不影响图像的实际应用的失真，这样图像压缩的空间也就更大了。

从 1948 年数字电视传输的思想被提出开始，广大科研技术人员对图像压缩技术进行了系统而深入的研究，并取得了一系列的理论和应用成果。利用图像压缩编码技术，在原有图像损失一定精度(有损图像压缩)或不损失任何精度(无损图像压缩)的情况下，将原有图像用比原始数据量小得多的数据表示出来，以提高图像的存储效率和传输效率。图像压缩方法种类繁多，经典的图像压缩方法有预测编码(predictive coding)、变换编码和矢量量化编码(vector quantization coding)等。近二十年来，一些新的理论和方法，如小波分析、分形、神经网络等，也都已经成功应用于图像压缩，使得这一领域的研究与应用空前活跃，成为当前国际学术界和工程应用领域的研究热点之一。

2.2.2　数据的压缩存储

目前存在着很多种图像压缩方法，但从本质上来说，它们都包含三个基本环节：变换、量化和编码，如图 2.2.2-1 所示。其中变换的任务是将原图像样本转换成能使量化和编码运算相对简单的形式。一方面，变换应该抓住原图像样本间统计相关性的本质，因此，变换样本 y 和量化系数 q 最多只是表现出局部相关性，在理想情况下，它们应该是统计独立的；另一方面，变换应该把不相关信息与相关信息分离开，这样可以区分不相关的样本，对它们进行更深度量化，甚至丢弃。量化器则是在一定的允许客观误差或主观察觉图像损伤条件下，通过生成一组有限的离散符号来表示压缩的图像。量化过程是一个幅值离散的过程，它是不可逆的，也是三个环节中唯一引入失真的步骤。在无失真压缩编码方法中不应该存在量化过程。编码器给量化器输出的每个符号指定一个码字，即二进制码流。编码器可以使用定长编码或变长编码，变长编码又称为熵编码。编码过程和变换过程一样都是可逆、无损耗的。

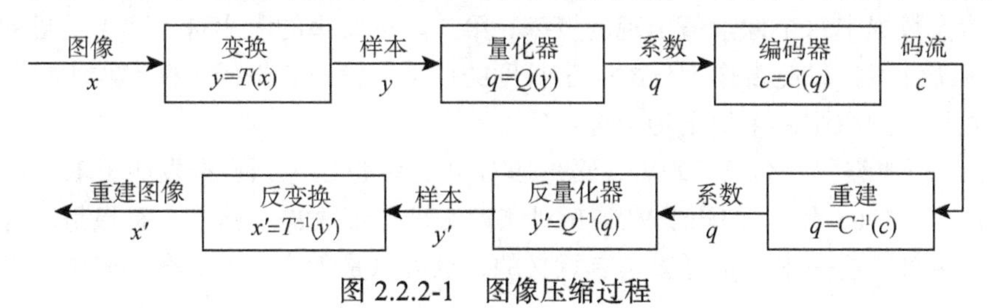

图 2.2.2-1　图像压缩过程

根据发展历程的不同，图像压缩编码可以分为三代。熵编码、预测编码和变换编码是出现最早的压缩编码技术，它们也理所当然地被称为第一代编码技术，杰出的算法有行程、赫夫曼编码(Huffman coding)及算术编码(arithmetic coding)等；随着技术的发展，在编码过程中，人们开始考虑更多的因素，例如，人的视觉机理和图像本身的心愿特征，综合这些因素后，技术上我们从波形编码阶段上升到了模型编码阶段，编码效果也有了很大的提升，主要的方法有矢量量化编码、分形编码(fractal coding)和基于神经网络的压缩编码；所谓的第三代编码技术也就是现阶段提出的基于运动模型的编码概念。

静态图像压缩编码有很多种分类方法，主流的分类方法是依据重建图像的质量将各种技术分为两类，即无损编码和有损编码。无损编码就是重构图像没有失真、能够准确无误地恢复原始数据的一种压缩编码方式，这种方法通过利用较少的比特数描述相同或相似的数据来减少数据量以达到压缩目的。图像的无损压缩通常分为两步，即去相关和编码。去相关就是要去除图像冗余，降低信源熵；无损压缩编码方法可分为两大类，即基于统计概率的方法和基于字典的技术，前者主要包括赫夫曼编码和算术编码，后者主要包括游程编码(run-length coding，RLE)和 LZW 编码(LZW coding)。

而有损编码是在不影响视觉效果的前提下，允许压缩过程中损失一定信息，通过各种手段减少数据量达到压缩目的的一种方法。该压缩方法利用了人类视觉对图像中的某些频率成分不敏感的特性，虽然不能完全恢复原始数据，但是所损失的部分对理解原始图像的影响较小，却换来了大得多的压缩比。换句话说，有损压缩提供原始图像的一个近似，但可以达到更高的压缩比。有损压缩广泛应用于语音、图像和视频数据的压缩，比较常见的有预测编码、变换域编码(transform coding)、分形编码、矢量量化编码、小波变换编码(wavelet transform coding)和神经网络编码(neural network coding)。

下面我们介绍几种常用的图像编码方法：

(1) 赫夫曼编码：1952 年，根据可变长最佳编码定理，赫夫曼博士提出了赫夫曼编码理论。该理论把信号出现的频率当成编码时分配码字长度的唯一依据。这样不仅使得图像编码后的压缩比非常接近原始图像的信息熵，还实现了对原始图像的无损压缩。赫夫曼编码算法虽然简单，但是非常有效。其主要步骤是：第一，统计原始图像数据中每个像素值出现的概率；第二，按概率的大小自上而下地排列，形成概率统计表，以此表作为分配码字长度的依据；第三，按照“概率越小，分配的码字越长”的原则由下而上地分配码字。

(2) 字典编码：包括 LZW 编码，1977 年，两位以色列教授发明了 Lempel-Ziv 压缩技术，1985 年，美国的 Wekch 对该算法进行了改进。其基本思想是用符号代替一串字符；这一串字符可以是有意义的，也可以是无意义的。在编码中，仅把字符串看成一个号码，而不去管它表示什么意义。此压缩技术是围绕字典的转换来完成的，这个字典实际是对 8 位 ASCII 字符集进行了扩充。扩充后的代码有 9 位、10 位、11 位、12 位，乃至更多。12 位的代码可以有 4096 个不同的组合。

(3) 变换编码：通常意义上说的图像一般是存在于空间域的图像，这样的图像不好处理。在图像增强中我们就知道，将空间域上的图像变换到变换域中后，图像的能量分布会发生改变。变换编码正是基于这样一种思想的压缩方法，它首先通过特定的变换函数将空间域上的图像信号变化到变换域中，然后对变换域中的图像信号进行分析处理，最后再通过逆处理，还原重构出图像。通常，变换后的图像数据能量分布都比较集中，这就为我们进行图像压缩提供了十分有利的条件。常见的变换编码算法有正交变换、Karhunen-Loeve (K-L)变换、离散余弦变换(discrete cosine transform，DCT)及离散小波变换(discrete wavelet transform，DWT)等。

(4) 预测编码：在一幅图像中，相邻像素之间往往存在着很大的相关性，通常一个像素的很多信息都可以通过观察它的相邻像素来获得，这就是预测编码技术的基础理论。采用预测编码方法时，传输的对象是预测误差而不是像素的实际值，这里所说的预测误差是指实际像素值和预测值之间的差值。预测编码方式又分为有失真预测编码和无失真预测编码。无失真预测编码不对预测差值进行量化，所以不会产生任何失真；有失真预测编码则要对预测差值进行量化，量化之后必然带来误差。

(5) 小波变换编码：小波变换具有很多优良的性质，其应用范围很广泛。图像压缩领域是其应用最成功的领域之一。傅里叶变换是数字图像处理领域的一个里程碑，但是其在图像压缩领域的作用却很有限，小波变换解决了很多傅里叶变换不能解决的问题，是图像压缩领域的一个重大突破。实质上，小波变换是在傅里叶变换的基础上进行的一种发展。同傅里叶变换一样，小波变换也是利用一个函数族把原始信号进行分解，而这个函数族是通过伸缩和平移一个独立的函数(在这里，也就是小波母函数)得到的。因为小波变换是正交变换，所以变换前后能量是守恒的，只是改变了图像数据的能量分布情况，也就是把空间域中分散的能量分布变成小波变换域中低频分量集中占据绝大部分能量、高频分量占据较小能量的形式。我们也正是利用了小波系数中的高频分量大部分为零这一特点来实现压缩的。通常还会采用熵编码对量化输出符号进行编码以提高压缩比，再通过小波反变换、反量化等操作，重构出原始图像。

接下来介绍几种常见的图像压缩格式。

文件格式是存储文件、图形或者图像数据的一种数据结构。文本内容可以使用不同的文字处理软件编辑生成，也可以用同一软件根据不同的应用环境生成不同类型的文件格式。同样，存储图形(图像)也需要有存储格式，而这个存储格式也可根据不同的应用环境、处理软件等因素有多样的选择。一般来说，图形(图像)格式大致可以分为两大类：一类为位图；另一类称为描绘类、矢量类或面向对象的图形(图像)。前者是以点阵形式描述图形(图像)的，后者是以数学方法描述的一种由几何元素组成的图形(图像)。一般来说，后者对图形(图像)的表达细致、真实，缩放后图形(图像)的分辨率不变，在专业级的图形(图像)处理中运用较多。表 2.2.2-1 罗列了部分常见位图和矢量图的文件格式和文件类型。

表 2.2.2-1　常见位图和矢量图的文件格式和文件类型

位图		矢量图	
文件格式	文件类型	文件格式	文件类型
bmp	Windows & OS/2	fla	Flash
gif	Graphics Interchange Format	swf	Flash
pcd	PhotoCD	3ds	3D Studio
jpg	JPEG	ai	Adobe Illustrator
psd	Photoshop native format	cdr	CorelDRAW
tif	tag image file format	clp	Windows Clipboard
sgi	Silicon Graphics RGB	wrl	VRML
png	Portable Network Graphics	pct	Macintosh PICT drawings
ICO	Windows icon	DXF	AutoCAD
RAS	Sun	DWG	AutoCAD

2.2.3　JPEG 格式

JPEG 是由国际电报电话咨询委员会(CCITT)和国际标准化组织(International Organization for Standardization, ISO)联合组成的一个图像专家小组(Joint Photographic Experts Group)开发研制的连续色调、多级灰度、静止图像的数字图像压缩编码方法。JPEG 适于静止图像的压缩，此外，电视图像序列的帧间图像的压缩编码也常采用 JPEG 压缩标准。JPEG 由于优良的品质，在短短几年内就获得极大的成功，目前网络上 80%左右的图像都是采用 JPEG 的压缩标准，并且 JPEG 广泛应用于照相机、打印机等的图像处理。

JPEG 专家组开发了两种基本的压缩算法：一种是采用以 DCT 为基础的有损压缩算法，另一种是采用以预测技术为基础的无损压缩算法。无损压缩得不到很高的压缩比，用来满足无失真压缩图像数据的特殊应用场合；相比之下，有损压缩将由 DCT 得到的参数经过 DPCM、量化、Z 型扫描，然后通过游程长度编码、赫夫曼编码等技术，可以实现高压缩比，得到更为广泛的应用，在压缩比为 25∶1 的情况下，压缩后还原得到的图像与原始图像相比较，视觉效果上很难发现相互间的区别，被称为基准模式 JPEG。下面对 JPEG 压缩方法中基准模式下的压缩和解压缩过程进行分析。

JPEG 编码压缩过程如图 2.2.3-1 所示，具体如下：

(1) 将图像分为 8×8 的像素块，根据从左到右、从上到下的光栅扫描方式进行排列，然后对图像数据进行正向 DCT，将数据转换到频率域，经变换后得到由 64 个 DCT 系数构成的 DCT 矩阵。

(2) 对 DCT 系数进行重排序、量化。经 DCT 后，由于能量重新分布，其低频分量系数变得很大，超出了原来码长表达范围，需要重新量化以缩小动态范围，此步骤使数据得到第一次压缩。量化步长对每个系数是不同的，原则是频率越低，量化步长越小，以便保留较多的低频分量。DCT 矩阵左上角的系数代表了能量较高的图像低频分量，其数值较大而量化步长小，越向右下角，系数数值越小而量化步长越大。如此量化后，DCT 矩阵右下角高频部分很多系数变成 0，也就是高频分量被丢弃，故这种算法是有损的。64 个 DCT 系数的量化步长构成了量化表，在量化前要把 DCT 系数进行排序变成一维序列，称为 Z 型扫描。其目的是将高频分量排在一起，经量化后得到连续的 0 值，在下一步编码过程中使数据得到最大限度的压缩。

JPEG 压缩率就是由这一步决定的，只要将量化表乘以固定的因子即可，若因子大于 1，则量化步长增大，压缩比也增大，反之，压缩比减小。在运动 JPEG 中甚至可以根据上一幅图像压缩结果动态调整该因子，以使每一帧图像数据量大致相等。

(3) 对量化后的 DCT 系数进行赫夫曼编码，赫夫曼编码是一种可变长编码技术，对出现概率高的码字分配较短的码长，对出现概率低的码字分配较长的码长，这样，编码后的数据将大大少于编码前的数据，从而达到数据压缩的目的。编码时用到的编码表称为赫夫曼表。

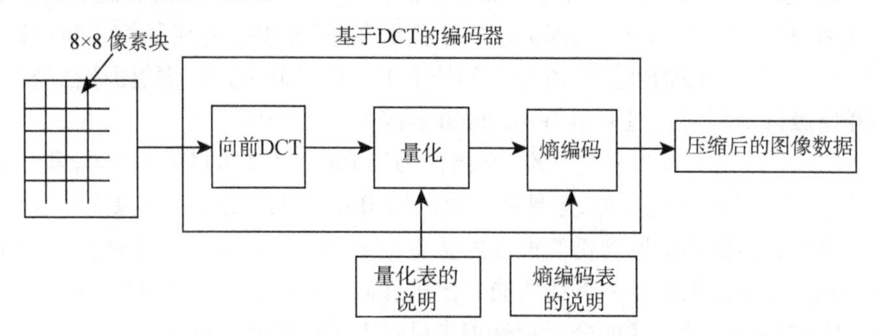

图 2.2.3-1　JPEG 编码压缩过程

解压缩过程与上述压缩过程相反，如图 2.2.3-2 所示，具体如下：首先根据赫

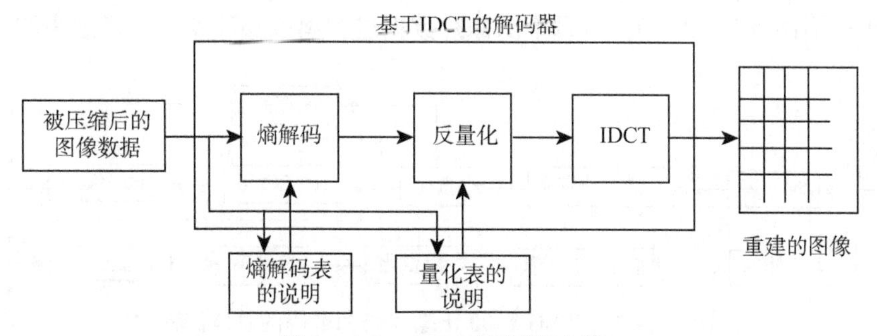

图 2.2.3-2　JPEG 解压缩过程

夫曼表对压缩数据进行赫夫曼解码得到量化的 DCT 系数，再根据量化表进行反量化得到 DCT 系数，对 DCT 系数重排序后再进行 DCT 反变换(IDCT)，即得到像素数据，当然此时数据与原始数据是有差别的。

2.2.4　JPEG 2000 格式

相比于 JPEG 基于 DCT，JPEG 2000 是基于小波变换的图像压缩标准，仍然是由 Joint Photographic Experts Group 组织创建和维护的。JPEG 2000 通常被认为是未来取代 JPEG 的下一代图像压缩标准。JPEG 2000 文件的文档扩展名通常为.jp2，多用途互联网邮件扩展(MIME)类型是 image/jp2。

JPEG 2000 的压缩比更高，而且不会产生原先的基于 DCT 的 JPEG 标准产生的块状模糊瑕疵。JPEG 2000 同时支持有损压缩和无损压缩。另外，JPEG 2000 也支持更复杂的渐进式显示和下载。在有损压缩下，JPEG 2000 一个比较明显的优点就是没有 JPEG 压缩中的马赛克失真效果。JPEG 2000 的失真主要是模糊失真，模糊失真产生的主要原因是在编码过程中高频量一定程度的衰减。传统的 JPEG 压缩也存在模糊失真的问题。

在低压缩比情形下(比如压缩比小于 10：1)，传统的 JPEG 图像质量有可能比 JPEG 2000 要好。JPEG 2000 在压缩比较高的情形下，优势才开始明显。整体来说，和传统的 JPEG 相比，JPEG 2000 仍然有很大的技术优势，通常压缩性能可以提高 20%以上。一般在压缩比达到 100：1 的情形下，采用 JPEG 压缩的图像已经严重失真并开始难以识别了，但采用 JPEG 2000 压缩的图像仍可识别。

JPEG 2000 是 ISO 发布的标准，文档代码为 ISO/IEC 15444—1:2000。虽然 JPEG 2000 在技术上有一定的优势，但是网络上采用 JPEG 2000 制作的图像文件数量仍然很少，并且大多数的浏览器仍然没有内置支持 JPEG 2000 图像文件的显示。但是，由于 JPEG 2000 在无损压缩下仍然能有比较好的压缩率，所以 JPEG 2000 在图像品质要求比较高的医学图像的分析和处理中已经有了一定程度的应用。

JPEG 2000 压缩编码和解码的总体流程如图 2.2.4-1 所示。在编码过程中，首先对原图像进行预处理，也就是将原图像分量进行变换，然后把图像和它的各个成分分解成矩形图像片(tiling)。对每个图像片数据进行离散小波变换，得到小波系数，

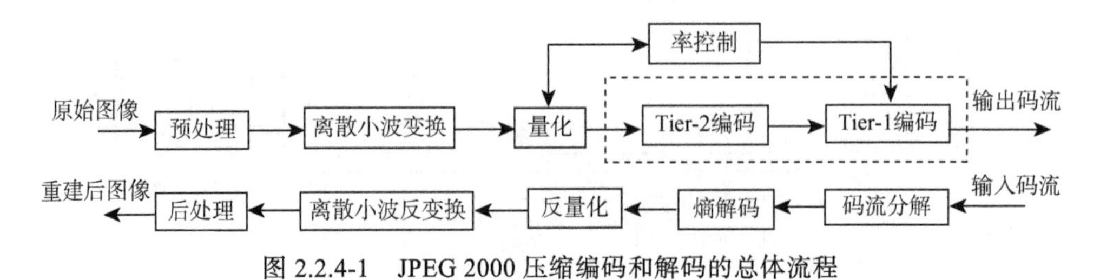

图 2.2.4-1　JPEG 2000 压缩编码和解码的总体流程

然后对小波系数进行量化并组成矩形的编码块(code block)，再对在编码块中的系数“位平面”熵编码，最后形成输出压缩码流。解码器是编码器的反过程，首先对码流进行解包和熵解码，然后反向量化和离散小波反变换，对反变换的结果进行后期处理合成，得到重构图像数据。

2.2.5 PNG 格式

PNG 是指可移植网络图形格式(portable network graphic format)，是一种位图文件(bitmap file)存储格式，其设计目的是试图替代 GIF 和标签图像文件格式(tag image file format，TIFF)，同时增加一些 GIF 文件格式所不具备的特性。PNG 用来存储灰度图像时，灰度图像的深度可多到 16 位，存储彩色图像时，彩色图像的深度可多到 48 位，并且还可存储多到 16 位的 α 通道数据。PNG 使用从 LZ77 派生的无损数据压缩算法，一般应用于 JAVA 程序、网页或 S60 程序中，原因是它压缩比高，生成文件的体积小。PNG 是最适合网络的图片，PNG 的优点是清晰、无损压缩、压缩比很高、可渐变透明，具备 GIF 几乎所有的优点；缺点是不如 JPEG 的颜色丰富，同样的图片体积也比 JPEG 略大。它有如下几个特点：

(1) 体积小：网络通信中因受带宽制约，在保证图片清晰、逼真的前提下，网页中不可能大范围地使用体积较大的 JPEG、BMP(全称 bitmap)格式文件。

(2) 无损压缩：PNG 文件采用 LZ77 算法的派生算法进行压缩，其结果是获得高的压缩比，不损失数据。它利用特殊的编码方法标记重复出现的数据，因而对图像的颜色没有影响，也不可能产生颜色的损失，这样就可以重复保存而不降低图像质量。

(3) 索引彩色模式：PNG-8 格式与 GIF 图像类似，同样采用 8 位调色板将 RGB 彩色图像转换为索引彩色图像。图像中保存的不再是各个像素的彩色信息，而是从图像中挑选出来的具有代表性的颜色编号，每一编号对应一种颜色，图像的数据量也因此减少，这对彩色图像的传播非常有利。

(4) 更优化的网络传输显示：PNG 图像在浏览器上采用流式浏览，即经过交错处理的图像会在完全下载之前给浏览者提供基本的图像内容，然后再逐渐清晰起来。它允许连续读出和写入图像数据，这个特性很适合于在通信过程中显示和生成图像。

(5)支持透明效果：PNG 可以为原图像定义 256 个透明层次，使得彩色图像的边缘能与任何背景平滑地融合，从而彻底地消除锯齿边缘。这种功能是 GIF 和 JPEG 没有的。

(6) PNG 还支持真彩和灰度级图像的 α 通道透明度。

2.2.6 BMP 格式

BMP 是 Windows 操作系统中的标准图像文件格式，可以分成两类：设备相关位图(DDB)和设备无关位图(DIB)，使用非常广泛。它采用位映射存储格式，除了图像深度可选以外，不采用其他任何压缩，因此，BMP 文件所占用的空间很大。BMP 文件的图像深度可选 1 位、4 位、8 位及 24 位。BMP 文件存储数据时，图像的扫描方式是按从左到右、从下到上的顺序。由于 BMP 文件格式是 Windows 环境中交换与图有关的数据的一种标准,因此在 Windows 环境中运行的图形图像软件都支持 BMP 图像格式。

典型的 BMP 图像文件由四部分组成：

(1) 位图头文件数据结构，它包含 BMP 图像文件的类型、显示内容等信息；

(2) 位图信息数据结构，它包含 BMP 图像的宽、高、压缩方法，以及定义颜色等信息；

(3) 调色板，这个部分是可选的，有些位图需要调色板，有些位图，比如真彩色图(24 位的 BMP)，就不需要调色板；

(4) 位图数据，这部分的内容根据 BMP 位图使用的位数不同而不同，在 24 位图中直接使用 RGB，而其他的小于 24 位的使用调色板中的颜色索引值。

2.2.7 TIFF 格式

TIFF 是一种灵活的位图格式，主要用来存储包括照片和艺术图在内的图像。它最初由 Aldus 公司与微软公司一起为 PostScript 打印开发，最初是出于跨平台存储扫描图像的需要而设计的。TIFF 与 JPEG 和 PNG 一起成为流行的高位彩色图像格式。TIFF 格式在业界得到了广泛的支持，如 Adobe 公司的 Photoshop、The GIMP Team 的 GIMP、Ulead PhotoImpact 和 Paint Shop Pro 等图像处理应用、QuarkXPress 和 Adobe InDesign 这样的桌面印刷和页面排版应用，扫描、传真、文字处理、光学字符识别和其他一些应用等都支持这种格式。从 Aldus 获得了 PageMaker 印刷应用程序的 Adobe 公司现在控制着 TIFF 规范。

TIFF 的特点是图像格式复杂、存储信息多。正因为它存储的图像细微层次的信息非常多，图像的质量也得以提高，故而非常有利于原稿的复制。该格式有压缩和非压缩两种形式，其中压缩可采用 LZW 无损压缩方案存储。不过，由于 TIFF 格式结构较为复杂，兼容性较差，因此有时软件可能不能正确识别 TIFF 文件(现在绝大部分软件都已解决了这个问题)。目前，在计算机上移植 TIFF 文件也十分便捷，因而 TIFF 现在也是计算机上使用最广泛的图像文件格式之一。

TIFF 文件以.tif 为扩展名。其数据格式是一种 3 级体系结构，从高到低依次为：文件头、一个或多个称为 IFD(图像文件目录)的包含标记指针的目录和数据。

(1) 文件头：在每一个 TIFF 文件中，第一个数据结构称为图像文件头或 IFH，它是图像文件体系结构的最高层。这个结构在一个 TIFF 文件中是唯一的，有固定的位置。它位于文件的开始部分，包含了正确解释 TIFF 文件的其他部分所需的必要信息。

(2) 文件目录：IFD 是 TIFF 文件中第 2 个数据结构，它是一个名为标记(tag)的用于区分一个或多个可变长度数据块的表，标记中包含了有关于图像的所有信息。IFD 提供了一系列的指针(索引)，这些指针告诉我们各种有关的数据字段在文件中的开始位置，并给出每个字段的数据类型及长度。这种方法允许数据字段定位在文件的任何地方，且可以是任意长度，因此文件格式十分灵活。

(3) 图像数据：根据 IFD 所指向的地址，存储相关的图像信息。

2.3　数字视频的压缩存储

2.3.1　介绍

1. 数字视频起源

数字视频最初来源于摄像机拍摄记录的活动影像。数字转换和处理芯片将视频影像转化成数字形式的数据流，进而对此进行传输、存储、处理和显示。数字视频技术是伴随数字信号处理和计算机技术同步发展的。然而在计算机技术发展的早期，限于计算和存储能力的不足，计算机只能处理简单的数值计算任务，面对视频这样具有三维时空关系的庞大数据和复杂的处理要求，还显得力不能及。后来随着计算机科学的发展、软硬件的进步，逐渐发展到可处理字符数据(文字)、几何线条图形和静态的图像，这大概是 20 世纪六七十年代的情况。此后，数字多媒体和计算机视觉技术终于成为计算机技术新的发展方向，声音和动态影像被转化成数字音频和数字动画，数字视频技术开始从专业的学术研究机构，逐步进入各行各业，现在数字视频已经深入到人们日常工作和生活的各个角落。

2. 数字视频文件格式和编码方案

了解数字视频，需要明确两个相关又有区别的概念：数字视频文件格式，数字视频编码方案。前者是可存储记录的格式化数据形式，后者是指使用特定算法对视频数据进行组织、处理和记录的规范。两者具有交集，但又存在差异。数字视频文件直接面向市场和使用者，是由专业的厂商设计、开发并维护的。数字视频编码则由于更侧重算法原理和技术标准，一般是由专门的行业组织确定，未必有具体的实例。厂商往往根据新的数字视频编码方案，设计开发新的数字视频文件格式，其中必定封装了数字视频编码方案记录的视频数据，但同时也存在其他一些组成部分，如音频编码、字幕数据、设备数据等，这样才组成了一个完整的数字视频应用方案。另一方面，数字视频编码也不是只应用于数字视频文件，例如，网络视频也采用了数字视频编码方案，但它是以数据流方式传送的，网络传送、处理、显示的视频单元是数据包(帧)，也不一定需要存储成文件记录下来。

从以上的比较中可以看出，数字视频编码方案涉及数字视频的基础原理的关键技术，数字视频文件格式是原理方案的一种包装实现。后面我们会着重讨论数字视频编码方案。

3. 数字视频编码历史

第一个国际数字视频编码标准出现在 1984 年。20 世纪 90 年代以后，各种较为成熟的数字视频编码方案纷纷出现，其中 H.26X 和 MPEG 这两个系列的方案对数字视频的发展有很大影响。H.26X 是国际电信联盟电信标准化部门(International Telecommunication Union-Telecommunication Sector，ITU-T)制定的数字视频编码系列方案，偏重于网络使用。MPEG 是 ISO 和国际电工委员会(International Electrotechnical Commission，IEC)联合成立的动态图像专家组，专门针对运动图像和语音压缩制定国际标准。ITU-T 在 1990 年制定的 H.261 是世界上第一个实用的数字视频编码标准。MPEG 在 1992 年制定的 MPEG-1 则主要解决了多媒体视频音频的存储问题，其成果就是大家熟悉的 VCD (Video CD)和 MP3 产品。ITU-T 和 MPEG 联合在 1995 年发布了 H.262/MPEG-2(part 2)，对第一代标准做了改进扩充，现实了更高分辨率、更高质量的视频压缩，DVD 就是这个标准的成果之一。后来，由于计算机和网络技术的飞速发展，早期的技术标准已不能满足实际需要。1999 年，MPEG 发布了 MPEG-4 标准，其中的视频方案称为 MPEG-4(part 2)。这部分在行业内又衍生出 DivX 和 XviD 解码器，可供实际开发使用。ITU-T 和 MPEG 又进一步合作，在 2003 年推出了 H.264/MPEG-4(part 10)，实现了针对网络传输的更高压缩比。在高清实时会议的场合，H.264 已经能够做到 150：1~300：1 甚至更高的压缩比。这几种视频编码标准仍然是当今数字视频技术的主流编码方案。

除了上述的两个主要系列的编码方案，还有一些其他厂商的编码方案在数字视频领域产生过广泛的影响，如 RealNetworks 的 RealVideo、微软公司的 WMV 以及 Apple 公司的 QuickTime 等。

4. 当前常见的数字视频文件格式

以上介绍了几种常见的数字编码方案，但我们实际工作中接触到的数字视频文件往往是根据后缀名来区分的。这些后缀名一般对应某一种文件格式，具体的格式中才会包含某种视频编码。如果这种文件格式被设计成“容器”的概念，那么它可以支持多种不同的编码方案。表 2.3.1-1 列出了一些常见的数字视频文件格式及对应编码。

表 2.3.1-1　常见的数字视频文件格式及对应编码

数字视频文件后缀名	对应编码(视频部分)
*.avi	微软音频视频交错格式
	微软设计的 WMV 编码格式，支持 MPEG-4(part 2)
	MPEG-4(part 2)
	MPEG-4(DivX/XviD)
	H.264/MPEG-4(part 10)
	Digital Video Format，由索尼、松下、JVC 等多家厂商联合提出的一种家用数字视频格式
	ShadowRealm 的 new avi 编码格式
*.mp4	MPEG-4(part 2)
	MPEG-4(DivX/XviD)
	H.264/MPEG-4(part 10)
.mpg/.mpe/*.mpeg	MPEG-1，即 VCD 格式
	MPEG-2，即 DVD 格式
*.dat	MPEG-1，即 VCD 格式
*.vob	MPEG-2，即 DVD 格式
*.3gp	MPEG-4(part 2)
	H.263
	H.264/MPEG-4(part 10)
*.asf	微软设计的 WMV 编码格式，支持 MPEG-4(part 2)
.rm/.rmvb	RealNetworks 公司的专用编码格式
*.mov	Apple 公司的 QuickTime 编码格式，支持多种编码
*.mkv	Matroska 设计的开放格式，支持多种编码

需要说明的是，以上仅是通用软件常用的一些视频格式。而某些硬件厂商或行业厂商在封装视频编码时，往往加入自己的格式定义且不公开，导致视频文件格式成为其专有专用的标准，这无形中给视频处理技术的推广和普及增加了难度。

5. 数字视频编码的基本概念

从本质上说，数字视频编码的过程就是数据压缩的过程。虽然直接数字化动态影像得到的数据量非常大，但是数据在时间和空间上都存在很大的冗余(即不同数据间的相关性)，可以通过压缩技术编码，去除这些冗余，只保留有限的数据，在解码后仍然保持一定的视觉效果和画面质量。压缩技术主要包括帧内压缩编码、帧间压缩编码、熵编码三种。

1) 帧内压缩编码

帧内压缩编码是指对一帧画面内的数据进行压缩处理。这个过程和静态图像编码(如 JPEG)是类似的，它使用的技术也和 JPEG 类似，即通过量化系数去除色彩和空间信息中的冗余(主要是高频成分)，然后采用变长编码的方式实现有损压缩。由于视频中的画面帧数非常大，只靠帧内编码不能解决视频压缩的要求，关键还在于帧间编码。

2) 帧间压缩编码

帧间压缩编码是指对连续多帧画面的数据进行压缩处理。它首先把图像分成许多子区域，称为宏块(macroblock)，作为基本的编码单元。帧间压缩编码主要涉及以下三方面的内容：

(1) 运动补偿——通过宏块历史帧的数据补偿预测当前的数据；

(2) 运动表示——使用运动向量描述宏块在帧间的位置偏移量；

(3) 运动估计——从帧间数据计算得到宏块在当前帧的最佳位置和运动向量的过程。

实际的编码方案中，图像帧可分为 I 帧、P 帧和 B 帧等不同类型。一般用 I 帧作为关键帧，代表运动补偿的数据，P 帧和 B 帧作为运动估计数据。P 帧是单向的，只根据前面的 I 帧计算后续帧；B 帧则是双向的，根据前后帧的差别得到，这意味着，计算 B 帧时，还要预读更后面的关键帧作为缓存。B 帧的处理虽然复杂，但它能带来更高的压缩比。对每帧数据是按照逐个宏块进行处理的。对宏块数据的运动补偿和运动估计，完成了对图像局部视频信息的记录和恢复。从此流程也可看出，视频文件是一个连续的整体，要想进行以帧为单位的精确编辑是困难的。

视频编码序列中还有两个基本概念：图像组(group of picture，GOP)和参考周期。GOP 是相邻 I 帧间的距离，这中间有若干个 P 帧和 B 帧。参考周期是 GOP 组内相邻 P 帧间的距离，其中有若干个 B 帧[5]。

上述关系如图 2.3.1-1 所示。

从 GOP 和参考周期可以评估编码序列的性能。在码率一定的情况下(网络传输或媒介播放)，GOP 长度大，说明关键帧之间的细节多，视频显示效果好；参考周期也是同理。但是这个长度不能太长，否则会增加计算复杂度，如果 I 帧不理想，则影响帧数较长，解码器对缓存的要求也较高。

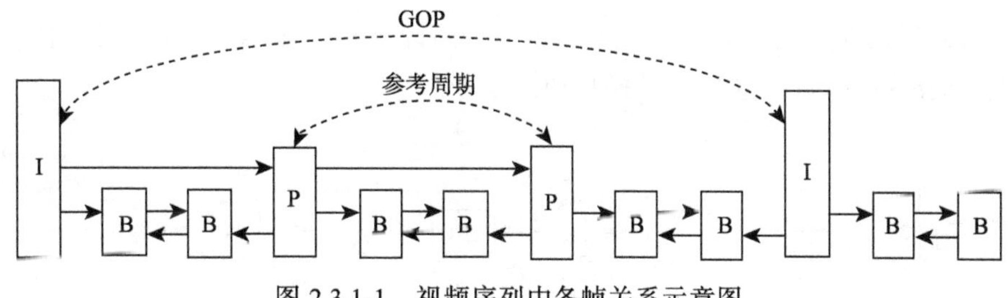

图 2.3.1-1　视频序列中各帧关系示意图

3) 熵编码

熵编码是无损压缩编码，它主要用于编码操作时，在不丢失信息的情况下，找到最佳的字节位数，使得记录数据所用的字节数最少(逼近无序状态，称为数据的信息熵)，以达到压缩的目的。熵编码的依据是特定编码出现的概率。例如，我们发现某个数据在整个编码过程中出现的概率较大，则可以在记录时给这个数据一个较短的代码，而概率小的数据可对应较长的代码，以保证最后组织成的数据流尽量小。

6. 未来数字视频的发展方向

在当前信息时代的大背景下，数字视频具有广阔的发展前景。从目前的趋势来看，更高分辨率、更多交互性、更智能化的技术会是下一代数字视频的发展方向。这也给数字视频的后期处理提出了更高的要求。

2.3.2　H.264 编码标准

1. H.264 编码历史

2.3.1 节介绍数字视频编码的发展历史时，已经提到了 ITU-T 和 H.264 编码标准。在 ITU-T 和 MPEG 联合成立 JVT(联合视频组)之后，致力于开发下一代的视频编码标准。ITU-T 原先的视频标准是 H.261/H.262/H.263，新的标准称为 H.264，MPEG 由于已经推出了 MPEG-4，则将其称为 MPEG-4 AVC(高级视频编码)，这部分内容在 MPEG-4 标准的 part 10，以取代原先的视频编码标准 part 2。所以 H.264 也被称为 MPEG AVC 或 MPEG-4(part 10)。

1999 年，此标准完成了初步草案，2003 年正式发布。H.264 由于具有很高的压缩比，也适合网络传输，因此得到了很多支持，目前已经发展成网络视频的主流编码标准。

2. H.264 编码概述

图 2.3.2-1 展示了 H.264 编码器的基本框架[6]。如图所示，编码器采用的是变换和预测的混合编码法。当前输入帧为 F_n，被分解成若干宏块。根据时序，按帧内或帧间预测编码的方法处理。如果是帧内预测编码，其预测值 P 是由已编码的

参考图像经运动补偿(MC)后得出，其中参考图像用 F'_{n-1} 表示。实际的参考图像可在 F_n 的前后帧中进行选择，以提高预测精度。

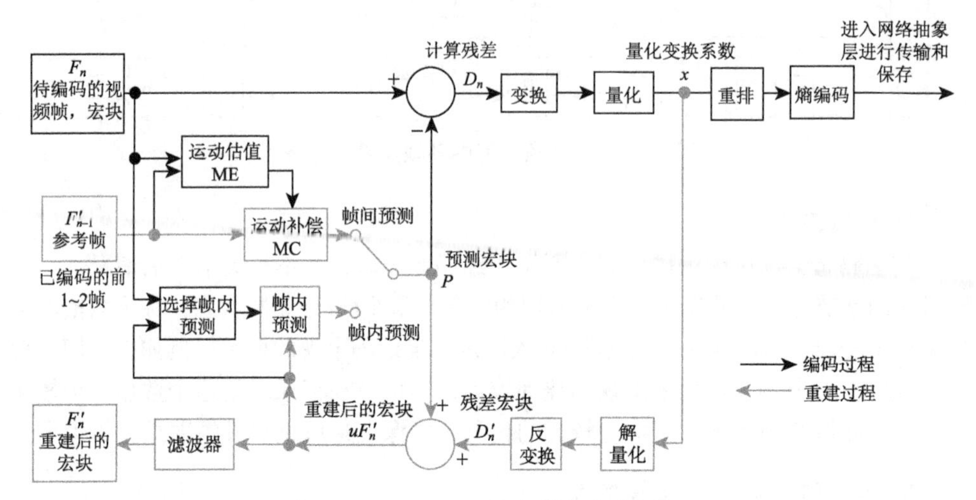

图 2.3.2-1　H.264 编码器的基本框架

预测值 P 和当前帧宏块相减后，产生残差块 D_n，经变换、量化后产生一组变换系数 X，再经熵编码，与解码所需的一些附加信息(如预测模式量化参数、运动矢量等)一起组成一个压缩后的码流，经网络抽象层(network abstract layer，NAL)供传输和存储用。

为了更准确地提供预测用的参考图像，编码器需要重建图像。使残差图像经反量化、反变换后得到的 D'_n 与预测值 P 相加，得到 uF'_n(未滤波的帧)。此时，通过一个环路滤波器，去除编码解码环路中产生的噪声，滤波后的输出 F'_n 即重建图像可用作参考图像。

由以上可知，由编码器的 NAL 输出一个压缩后的 H.264 压缩比特流。解码器是一系列的反变换过程，经熵解码得到量化后的一组变换系数 X，再经反量化、反变换，得到残差 D'_n 。利用从该比特流中解码出的头信息，解码器就得到一个预测块 P，它和编码器中的原始 P 是相同的。当该解码器产生的 P 与残差 D'_n 相加后，就产生 uF'_n，再经滤波，最后就得到滤波后的 F'_n，这个 F'_n 就是最后的解码输出图像。

3. H.264 标准的主要特点

H.264 使用的变换和预测混合编码方式，同之前的 H.263 差别不大，但是它吸收了之前标准的优点和经验，增强了对不同信道的适应能力，使它对不同的应用环境、速率都能作出较好的处理。从技术上说，它有以下特点[7]：

(1) 更高的编码效率：同 H.263 等标准的编码效率相比，能够平均节省大于 50%的码率。

(2) 高质量的视频画面：H.264 能够在低码率的情况下提供高质量的视频图像，在较低带宽上提供高质量的图像传输是 H.264 的应用亮点。

(3) 提高网络适应能力：H.264 可以工作在实时通信应用(如视频会议)低延时模式下，也可以工作在没有延时的视频存储或视频流服务器中。

(4) 采用混合编码结构：与 H.263 相同，H.264 也采用 DCT 编码加 DPCM 的差分编码的混合编码结构，还增加了如多模式运动估计、帧内预测、多帧预测、基于内容的变长编码、4 多帧二维整数变换等新的编码方式，提高了编码效率。

(5)编码选项较少：在 H.263 中编码时往往需要设置相当多的选项，增加了编码的难度，而 H.264 做到了力求简洁的“回归基本”，降低了编码时选项设置的繁杂程度。

(6)可以应用在不同场合：H.264 可以根据不同的环境使用不同的传输和播放速率，并且提供了丰富的错误处理工具，可以很好地控制或消除丢包和误码。

(7) 错误恢复功能：H.264 提供了解决网络传输包丢失的问题的工具，适用于在高误码率传输的无线网络中传输视频数据。

(8) 较高的计算复杂度：H.264 性能的改进是以增加复杂性为代价的。据估计，H.264 编码的计算复杂度大约相当于 H.263 的 3 倍，解码复杂度大约相当于 H.263 的 2 倍。

4. H.264 编码应用

H.264 编码发布后，相关的产品迅速地推向了市场。H.264 的市场可以分编码和解码两个领域。在编码领域，最大的影响是监控视频，特别是高清视频，因为这类应用是长时间高码流的工作方式。H.264 高压缩比的优势，在网络传输和内容存储方面得到了很好的应用。在解码领域，各种解码芯片和各类播放器软件也迅速地支持了 H.264 格式。这使 H.264 视频成为互联网上的一个主流格式。

2.3.3　MPEG 编码标准

1. MPEG 编码历史

MPEG 的名称来自 Moving Picture Experts Group，即动态图像专家小组，这是 ISO 和 IEC 联合成立的组织，专门针对运动图像和语音压缩制定国际标准。MPEG 组织先后制定了一系列的视频编码标准，包括 MPEG-1、MPEG-2、MPEG-3、MPEG-4、MPEG-7 等，MPEG-21 正在制定中。

(1) MPEG-1：1992 年，第一个官方的视频音频压缩标准，随后在 VCD 中被采用，其中的音频压缩的第三级(MPEG-1 Layer 3)简称 MP3，成为比较流行的音频压缩格式。

(2) MPEG-2：1995 年发布，广播质量的视频、音频和传输协议，被用于无线数字电视-ATSC、数字视频广播(DVB)、综合业务数字广播(ISDB)、数字卫星电视(如 DirecTV)、数字有线电视信号，以及 DVD 视频光盘技术中。

(3) MPEG-3：原为高清电视(HDTV)设计，随后发现 MPEG-2 已足够 HDTV 应用，MPEG-3 的研发中止。

(4) MPEG-4：1999～2003 年发布的视频压缩标准，主要是扩展 MPEG-1、MPEG-2 等标准以支持视频/音频对象的编码、3D 内容、低码流编码(low bitrate coding)和数字版权管理(digital rights management)，其中第 10 部分由 MPEG 和 ITU-T 联合发布，称为 H.264/MPEG-4 part 10。参见 2.3.2 节。

(5) MPEG-7：1998 年发布，MPEG-7 并不是一个视频压缩标准，它是一个多媒体内容的描述标准。

(6) MPEG-21：MPEG-21 标准的正式名称为“多媒体框架”或者“数字视听框架”，它的目标是为未来多媒体的应用提供一个完整的平台。

2. MPEG 编码概述

1) MPEG-1

MPEG-1 是较早的视频编码，主要用于 CD-ROM (只读存储器)存储视频，国内最为大家熟悉的就是 VCD，它的视频编码就是采用 MPEG-1，是为 CD 光盘介质定制的视频和音频压缩格式。一张 70 分钟的 CD 光盘传输速率大约在 1.4Mbit/s。而 MPEG-1 采用了块方式的运动补偿、DCT、量化等技术，并对 1.2Mbit/s 传输速率进行了优化。MPEG-1 随后被 VCD 采用作为内核技术。MPEG-1 的输出质量大约和传统录像机 VCR 的信号质量相当，这也许是 VCD 在发达国家未获成功的原因。

2) MPEG-2

MPEG-2 作为 ISO/IEC 13818 正式发布，通常用来为广播信号提供视频和音频编码，包括卫星电视、有线电视等。MPEG-2 经过少量修改后，也成为 DVD 产品的内核技术。

与 MPEG-1 标准相比，MPEG-2 标准是具有更高的图像质量、更多的图像格式和传输码率的图像压缩标准。MPEG-2 标准不是 MPEG-1 的简单升级，而是在传输和系统方面做了更加详细的规定和进一步的完善。它是针对标准数字电视和高清电视在各种应用下的压缩方案，编码率为 3 ~100 Mbit/s。

MPEG-2 的编码码流分为六个层次。为更好地表示编码数据，MPEG-2 用句法规定了一个层次性结构，自上到下分别是图像序列层、图像组(GOP)、图像、片、宏块、块[8]。

3) MPEG-4(part 2)

MPEG-4 与 MPEG-1 和 MPEG-2 有较大不同，它是针对数字电视、交互式绘图应用(影音合成内容)、交互式多媒体(WWW、资料撷取与分散)等整合及压缩技术的需求而制定的国际标准。此处我们专指 MPEG-2 标准的视频部分(part 2)[9]。

MPEG-4 的创新之处在于实现了基于视频对象平面(VOP)的视频编码。将每一帧看成由不同的 VOP 构成，而同一对象连续的 VOP 称为视频对象 (VO)，每个 VO 由三类对象来描述：运动信息，形状信息，纹理信息。编解码都是针对 VOP 进行的[6]。图 2.3.3-1 是 MPEG-4 VOP 编解码流程示意图。

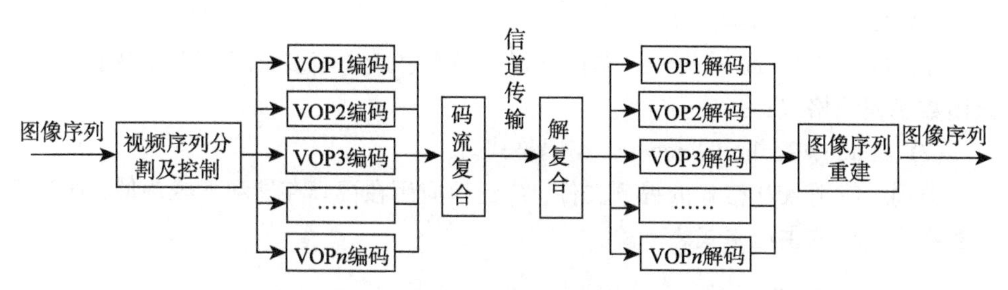

图 2.3.3-1　MPEG-4 VOP 编解码流程示意图

MPEG-4 在视频上的最大特点是高效的压缩能力。MPEG-4 基于更高的编码效率，在相同画质下，MPEG-4 的压缩比是 MPEG-2 的 1.5~2 倍。

4) MPEG-4(part 10)

在 2.3.2 节已经阐述，MPEG-4(part 10)是 H.264 编码在 MPEG 组织的名称，所以它就是 H.264 编码，在此不赘述。MPEG-4(part 10)的编码效率更高，在相同画质下，其压缩比超过 MPEG-4(part 2)30%左右。

3. MPEG 编码应用

MPEG 编码目前已经广泛应用在各种多媒体数字影音播放、网络视频、监控录影、存储记录及工业化环境中。在数字媒体和全球信息化时代，它对于视频技术的发展和普及的推动作用是显而易见的。

2.3.4　AVI、MJ2、MOV 编码标准

1. AVI 编码概述

AVI 英文全称为 audio video interleaved，即“音频视频交错格式”，是微软公司在 1992 年 11 月推出的一种多媒体容器格式，作为 Windows 3.1 中视频软件的一部分。AVI 文件将音频(语音)和视频(影像)数据包含在一个文件容器中，允许音视频同步回放。类似 DVD 视频格式，AVI 文件支持多个音视频流。当时，AVI 信息主要应用在多媒体光盘上，用来保存电视、电影等各种影像信息。

AVI 含三部分：文件头、数据块和索引块。最初，AVI 文件支持非压缩格式和几种有限的压缩格式。后来，通过安装解码插件，AVI 格式支持很多新的编码方式。但如果没有安装相应的解码插件，则系统自带的播放器不能播放新格式的 AVI 文件，这在一定程度上影响了它的使用。目前来说，AVI 格式的视频文件有如下编码：

(1) 微软音频视频交错格式；

(2) 微软设计的 WMV 编码格式，支持 MPEG-4(part 2)；

(3) MPEG-4(part 2)；

(4) MPEG-4(DivX/XviD)；

(5) H.264/MPEG-4(part 10)；

(6) Digital Video Format，是由索尼、松下、JVC 等多家厂商联合提出的一种家用数字视频格式；

(7) ShadowRealm 的 new avi 编码格式。

目前，使用 AVI 格式的视频文件，广泛地应用在视频存储和下载领域，成为数字多媒体文件的主流格式之一。

2. MJ2 编码概述

MJ2 文件是 Motion JPEG 2000 视频编码的文件实现，Motion JPEG 2000 视频编码又属于 JPEG 2000 图像编码的第三部分(视频)[10]。所以介绍 MJ2 格式前必须先介绍 JPEG 2000 图像编码格式。

JPEG 2000 是由 JPEG 组织发布的新一代静态图像编码标准。有别于 JPEG 编码的 DCT，JPEG 2000 采用了基于 DWT 的图像压缩标准。小波变换是一种空间域和频率域上的局部变换，对于有限尺度的信号有很好的处理能力，优于余弦变换。小波变换的应用使得 JPEG 2000 实现的压缩比更高，在低码率环境下有更好的画质，尤其是消除了 JPEG 在低码率下的马赛克效果。JPEG 2000 通常被认为是未来取代 JPEG 的下一代图像压缩标准。但是由于算法的复杂性和大量专利的困扰，JPEG 2000 目前仅有一些小众的应用，没有得到更广泛的支持。

Motion JPEG 2000 编码不同于之前我们介绍的视频编码，它没有做帧间压缩，帧内压缩则使用 JPEG 2000 编码。这意味着它压缩的每一帧数据都可以独立地解码显示，不需要等待后继帧数据，抗误码能力也比较强。同时，编解码的运算量也相对小一些。但是，缺少帧间压缩导致压缩比不高(较 H.264 等标准低一个数量级左右)，需要更多的存储空间和传输带宽。这个缺点导致 MJ2 格式没有在公众领域广泛地流行，只在特定的专业领域使用。

MJ2 编码可以从数码相机的视频中导出制作，目前主要应用于医疗和卫星图像中。

3. MOV 编码概述

MOV 是 QuickTime 视频文件的后缀名，是 Apple 公司开发的一种多媒体文件格式，用于存储常用数字影音媒体。MOV 文件用于保存音频和视频信息，得到了包括 Apple Mac OS，Microsoft Windows 在内的所有主流计算机平台的支持。

和 AVI 文件一样，MOV 文件是一种“容器”，支持多种视频编码。目前在高清视频中，较常见的是 H.264 编码的 MOV 文件。

由于 QuickTime 是 Apple 公司的专有视频，所以 MOV 在 Apple 公司的影音设备中得到了广泛应用。而 MOV 格式又被其他操作系统支持，这使它在 Apple 产品大行其道的今天，具有独特的跨平台特性(Apple 平台和非 Apple 平台)。

2.4　Exif 信息

2.4.1　Exif 编码历史

可交换图像文件(exchangeable image file, Exif)是一种嵌入在数码相机照片中的元数据标准，可以记录数码相机照片的各种拍摄参数、缩略图及其他相关的属性信息。由于日本在数码相机领域的垄断优势，Exif 其实是来自日本的行业标准。Exif 标准最初是由日本电子工业发展协会(Japan Electronic Industry Development Association，JEIDA)发起的，第一个版本发布于 1995 年 10 月，此后陆续修订增加了很多新的内容，以适应数码相机不断发展的需要。目前得到广泛认可的是 Exif 2.1 版本，而最新版本是 2010 年 4 月发布的 Exif 2.3 ，该版本已经应用到各个厂商的新相机设备中[11]。

2.4.2　Exif 编码概述

Exif 编码规定了数码相机相关元数据的记录方法，它的实现是一种文件格式，而这种格式不是独立存在的，它附加在影音文件中。对于数码相机拍摄的压缩图像，Exif 格式附加在 JPEG 格式的 APP1 段中；对于非压缩图像，Exif 格式则附加在 TIFF 6.0 格式的图像文件中。对于音频文件，Exif 格式写入 RIFF WAV 格式中。本节中，我们主要讨论 JPEG 压缩图像内的 Exif 编码。

Exif 编码使用了 JPEG 文件的 APP1 段(参见 3.3.4 节)，这个段属于 JPEG 格式的“应用标记”段之一，只记录附加信息，对图像本身的解码和质量没有影响。所以，一般的影像软件往往忽略此段的内容，只有专业的 Exif 查看工具才能打开并显示有关的内容。而且，一旦相机拍摄的图像文件通过影像软件的编辑、转存，里面的 Exif 信息可能被忽略掉。这些特点使得 Exif 数据在鉴别数字图像文件方面有特殊的作用。

Exif 编码使用了 TIFF 格式中的 IFD 结构来记录数据。它的前两个字节表示在 IFD 中有多少个目录项(directory entry)。后面存放的就是目录项，每个项大小为 12 字节。在最后一个目录项之后有一个 4 字节大小的数据，代表到下一个 IFD 的偏移量。如果这个值是 0，则表示它已是最后一个 IFD。目录项中的前 2 字节是标识，之后 2 字节是类型，其后 4 字节是类型的数量，然后就是 4 字节的数据，如果数据大于 4 字节，则此处是数据的位置记录。

图 2.4.2-1 展示了这种 IFD 结构的基本定义。

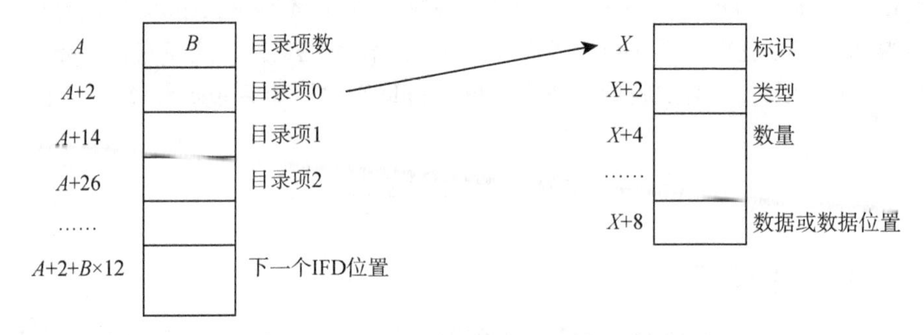

图 2.4.2-1　IFD 结构的基本定义图

表 2.4.2-1 列出了一些数码相机 Exif 的常用目录项。

表 2.4.2-1　Exif 的常用目录项

标签号	Exif 定义名	中文定义名	备注
0x010E	ImageDescription	图像描述	
0x013B	Artist	作者	使用者的名字
0x010F	Maker	生产商	相机生产厂家
0x0110	Model	型号	相机型号
0x0112	Orientation	方向	有的相机支持，有的相机不支持
0x011A	XResolution	水平方向分辨率	
0x011B	YResolution	垂直方向分辨率	
0x0128	ResolutionUnit	分辨率单位	
0x0131	Software	软件	固件 Firmware 版本或编辑软件
0x0132	DateTime	日期和时间	照片最后的修改时间
0x0213	YCbCrPositioning	YCbCr 定位	色度抽样方法
0x8769	ExifOffset	Exif 子 IFD 偏移量	
0x829A	ExposureTime	曝光时间	快门速度

在实际的数码相机图像中，这些目录项由厂家设定，并不是一定存在的。但是一般来说，同一品牌厂商的 Exif 设置有一定的规律。

2.4.3　Exif 编码例子

下面演示一个 Exif 编码的例子，里面加入的信息是作者杜撰的，用来说明编码格式。数据按照文件顺序，用十六进制显示。说明部分用“//”隔开。

FF E1　// Exif 格式头，是 JPEG 格式的 APP1 段

00 7C　// 信息长度，包含这两个字段。此长度决定了整个 Exif 信息段的大小

45 78 69 66　00 00　// 文本“Exif”

49 49　// Header 特征码，文本“II”，表示采用小端字节序

2A 00　// Header 特征标记，固定值

08 00 00 00　// IFD 结构数据的开始偏移量(从 Header 特征码“II”开始)，这里是 8

05 00　// IFD 开始，IFD 目录项数量，5

9B 9C　// 标题标示，第 1 个目录项

01 00　// 字节类型，ASCII

08 00 00 00　// 长度，这里是 8

4A 00 00 00　// 从 Header 算起的偏移量

9C 9C　// 备注标示，第 2 个目录项

01 00　// 字节类型，ASCII

08 00 00 00　// 长度，这里是 8

52 00 00 00　// 从 Header 算起的偏移量

9D 9C　// 作者标示，第 3 个目录项

01 00　// 字节类型，ASCII

06 00 00 00　// 长度，这里是 6

5A 00 00 00　// 从 Header 算起的偏移量

9E 9C　// 关键字标示，第 4 个目录项

01 00　// 字节类型，ASCII

08 00 00 00　// 长度，这里是 8

60 00 00 00　// 从 Header 算起的偏移量

9F 9C　// 主题标示，第 5 个目录项

01 00　// 字节类型，ASCII

0C 00 00 00　// 长度，这里是 12

68 00 00 00　// 从 Header 算起的偏移量

6F 00 78 00 68 00 00 00　// 目录项 1 指向的信息数据区开始，双字节字符，“oxh”

65 00 66 00 64 00 00 00　// 目录项 2 指向的信息数据区开始，双字节字符，“efd”

6A 00 70 00 00 00　// 目录项 3 指向的信息数据区开始，双字节字符，“jp”

61 00 62 00 63 00 00 00　// 目录项 4 指向的信息数据区开始，双字节字符，“abc”

48 00 65 00 6C 00 6F 00 00 00　// 目录项 5 指向的信息数据区开始，双字节字符，“Hello”

以上 Exif 信息的含义如下：

标题：oxh　备注：efd　作者：jp　关键字：abc　主题：Hello

通过对数码相机图像文件中的 Exif 信息的分析解读，我们可以从不同的角度来分析鉴定图像：

(1) 通过 Exif 信息中的软件信息关键字，鉴定图像是否被特定软件编辑过，如“Adobe Photoshop”或“Gimp”。

(2) 检查图像文件的创建时间是否与 Exif 信息中的创建时间、修改时间一致。

(3) 检查图像的格式和分辨率是否与Exif信息中记录的数码相机设备的功能清单上的内容一致。

(4) 还有更多的 Exif 信息，如焦距、GPS(全球定位系统)等，可以与实际工作中记录的图像具体使用环境作比对。

参考文献

[1] 刘国旗，方师箐，武跃春．数码相机的原理、使用与维修．北京：中国计量出版社，2006
[2] 刘方．基于 Bayer 彩色滤波阵列插值算法的研究．成都：电子科技大学, 2006
[3] 米本和也. CCD/CMOS 图像传感器基础与应用．陈榕庭，彭美桂，译．北京：科学出版社，2005
[4] 潘银松．像素级 CMOS 数字图像传感器的研究．重庆：重庆大学, 2004
[5] Group of pictures [Wikipedia]. https://en.wikipedia.org/wiki/Group_of_pictures [2016-07-25]
[6] 毕厚杰，王健．新一代视频压缩编码标准——H.264/AVC．北京：人民邮电出版社，2009
[7] H.264/MPEG-4 AVC[Wikipedia]. https://en.wikipedia.org/wiki/H.264/MPEG-4_AVC[2016-07-25]
[8] MPEG-2 [Wikipedia].https://en.wikipedia.org/wiki/H.264/MPEG-2[2016-07-25]
[9] MPEG-4 [Wikipedia].https://en.wikipedia.org/wiki/H.264/MPEG-4[2016-07-25]
[10] Joint Photographic Experts Group(JPEG), and Joint Bi-level Image experts Group(JBIG). Motion JPEG 2000 part 3. 2014
[11] EXIF [Wikipedia]. https://en.wikipedia.org/wiki/Exchangeable_image_file_format[2016-07-25]

第 3 章　数字影像篡改手段

3.1　常见的数字影像篡改手段

所谓“道高一尺，魔高一丈”，数字影像篡改技术和针对篡改的取证方法在相互较量中互相促进且不断发展。为了更有效地针对数字影像篡改进行检测取证，很有必要了解数字影像篡改中常见的手段。

3.1.1　常见的数字图像篡改手段

1. 数字图像篡改手段分类

数字图像篡改手段种类甚多，大致分为四类：数字图像真实性、完整性、原始性和版权篡改手段。

1) 数字图像真实性篡改手段

(1) 拼接：指由两幅或多幅数字图像通过将其中一幅图像的某一部分复制粘贴到另一幅图像中以造成某种假象，或者把一幅图像的某一部分复制粘贴到同一幅图像的另一非相交重叠区域以达到隐藏重要目标或增加重要目标的篡改目的。拼接是常见的一种篡改手段，被广大图像篡改者青睐。图 3.1.1-1 为历史上有名的拼接篡改图像。

图 3.1.1-1　拼接篡改图像(左为原图)

(2) 修复：指意在补全图像上某些信息缺损区域的修复性操作，达到使观察者不能意识到图像曾经缺损的目的。图像修复技术大致分为两类：一类是图像修补技术，适合修补图像中的小尺度缺损；另一类是图像补全技术，适合填充大面积内容丢失区域。图 3.1.1-2 是图像修补篡改的例子。

图 3.1.1-2　图像修补篡改(左为旧照片)

(3) 增强：指为刻意突出篡改者希望被重视的某些图像细节，同时淡化篡改者希望被忽视的图像细节而调节图像中某些特定区域的色彩、对比度、亮度等。此篡改手段并不对图像内容进行增删性的操作，只是通过调整图像细节来满足篡改者视觉上的某种效果，因此该篡改手段最容易被忽视。图 3.1.1-3 是图像增强篡改的例子。

图 3.1.1-3　图像增强篡改(左为原图)

(4) 润饰：指一种将图像拼接篡改后遗留在篡改区域且能被直接看出的篡改痕迹消除的技术。这种技术的主要手段是对篡改区域进行模糊、羽化、锐化、柔化、缩放、非线性伽马校正、边缘平滑、压缩、着色等来消除因为拼接所带来的伪造痕迹，使图像更难以分辨。润饰这种篡改手段较为隐蔽，在艺术照中被广泛采用。图 3.1.1-4 是通过润饰来篡改图像的例子。通过原图和篡改后图像的比较，可以看出人的皮肤变白，且眼角的痘和下巴的痣消失了。

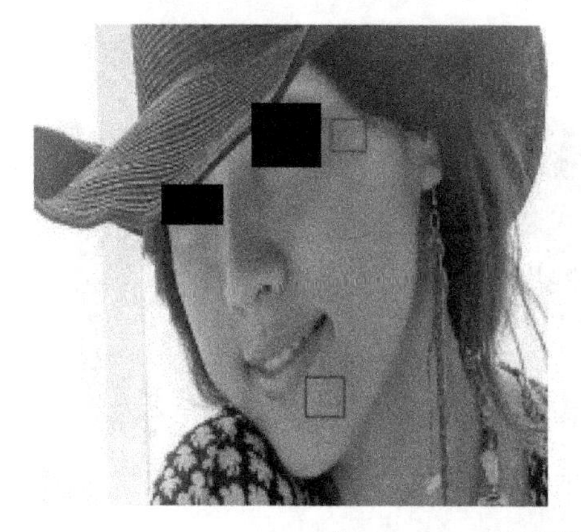
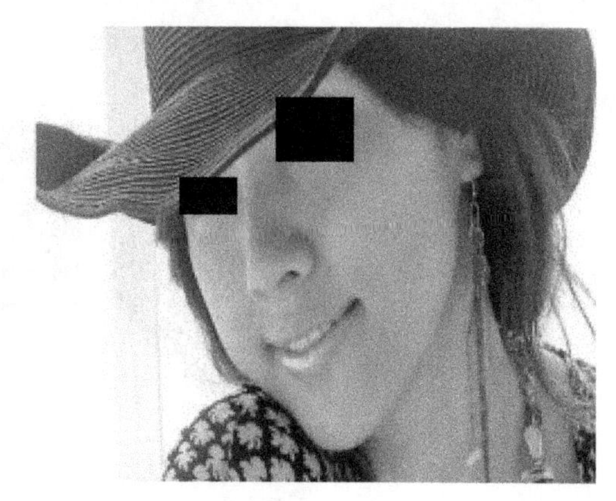

图 3.1.1-4　通过润饰来篡改图像(左为原图)

(5) 变形：是一种把一幅图像渐变成另一幅完全不同图像的技术。该篡改手段是通过运用图像上若干控制点有目的的位移，使整幅图像发生变化，来达到预期效果。该篡改手段在电影特效中较为常见。图 3.1.1-5 是通过变形来篡改图像的例子。

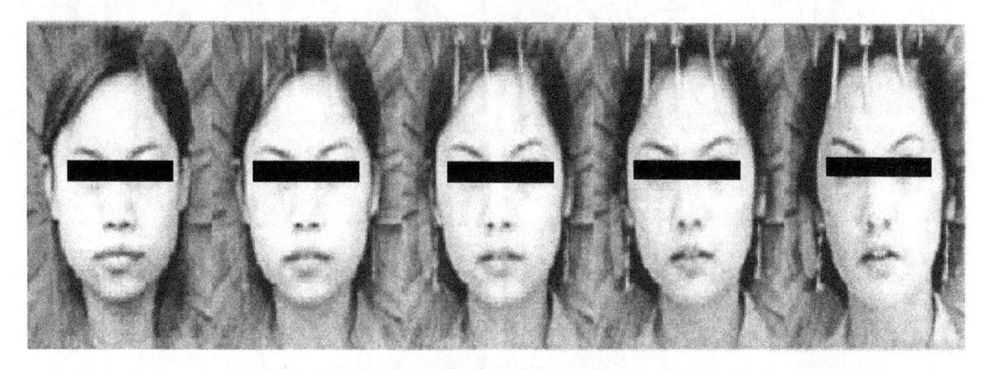

图 3.1.1-5　通过变形来篡改图像(左一为原图)

(6) 计算机生成：上面介绍的几种篡改手段都是对真实存在的场景图像进行篡改，而计算机生成图像是程序员利用 3D 图像生成软件(Maya、3D Max 等)来生成现实中不存在的场景图像[1]。这些图像很逼真，用肉眼几乎很难分辨出来，但是与自然的真实照片在图像统计特征(如直方图的连续性、色彩数量、细小纹理的复杂程度等)方面会有一些差异，而这些差异被很多技术用作区分两种图像的重要信息。图 3.1.1-6 是计算机生成篡改图像。

(7) 绘画：指专业人员或艺术家利用图像处理软件(如 Adobe Photoshop、Corel DRAW)进行图像制作。这种篡改方式是最具挑战性的，它要求绘图者必须具有很强的绘画能力，这类图像跟真实场景的图像具有较大区别，所以一般不会引起怀疑。

图 3.1.1-7 是两幅绘画图像。

图 3.1.1-6　计算机生成篡改图像

图 3.1.1-7　绘画图像

2) 数字图像完整性篡改手段

数字图像完整性篡改手段即数字图像水印和隐写术，利用数字图像中的冗余空间携带秘密信息。常见的数字图像的冗余空间包括最低比特有效位、JPEG 图像批注区、调色板图像中的相近颜色对等。由于冗余信息对人类视觉感知贡献较小，携带有秘密信息的图像与原始图像在视觉上虽然并无差异，但它破坏了数字图像的完整性[2]。

3) 数字图像原始性篡改手段

数字图像原始性篡改手段指的是二次获取图像，即原始的“现场”图像指景物内容经过一次图像获取设备获得，“二次获取”图像指景物内容经过两次以上图像获取设备获得，如照片的扫描图、照片的照片[2]。例如，广受关注的华南虎照片事件就属于数字图像原始性篡改取证范畴，如图 3.1.1-8 所示，其取证的主要焦点在于华南虎照片是否经过了二次获取，即老虎照片的原始现场是平面虎还是立体虎的问题[3]。

图 3.1.1-8　原始性篡改——华南虎照片(网络图片)

4) 数字图像版权篡改手段

数字图像版权篡改主要改变的是图像版权等一些额外的附加信息，并不改变图像内容和像素信息。对于数字图像作品的版权篡改主要集中在对数字图像作品的作者或所有者的版权篡改，对数字图像作品的购买者的篡改，以及对数字图像作品防打印或复印功能的攻击篡改[2]。例如，通过某些软件修改照片的 Exif 信息从而篡改所有者版权。图 3.1.1-9 是修改图像 Exif 信息的例子。

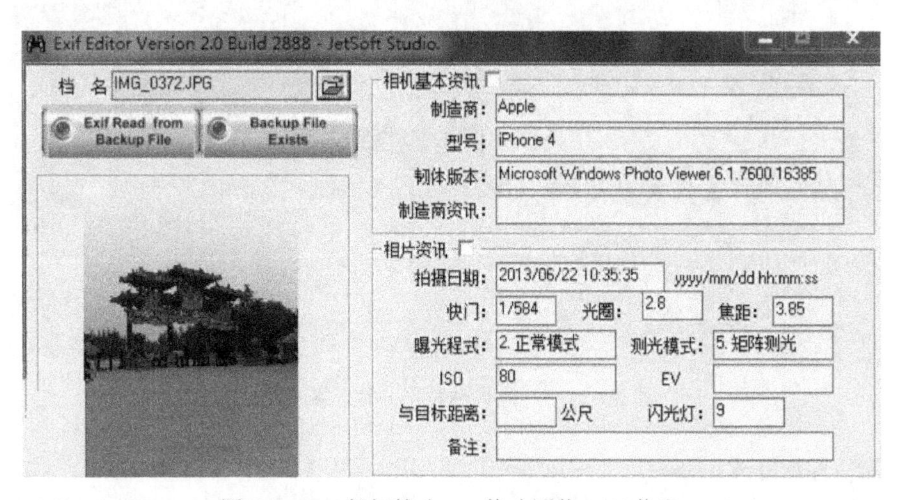

图 3.1.1-9　版权篡改——修改图像 Exif 信息

在实际应用过程中，篡改者往往是将上述几种篡改方法结合起来一并使用。如在拼接两幅图像时，会用到润饰、增强等手段，使篡改图像更加自然逼真。大多数篡改图像只是为了增强视觉效果，如杂志封面的合成照片，这是可以被大众接受的，但是当其在法庭上作为证据时则决不允许。因此，即使照片看起来是真实的，但作为法庭证据使用时，很有必要使用一种有效的检测手段对图像的原始性、真实性及完整性进行鉴定。

2. 拷贝粘贴

数字图像的拷贝粘贴(即同图复制粘贴)是一种最为常见而有效的篡改手段，因其操作简单，受图像篡改者青睐。

拷贝粘贴是指将一幅图像中某局部区域复制粘贴到同幅图像中另一不相重叠的区域。一般而言，根据篡改目的可将拷贝粘贴分为两大类：前景篡改和背景篡改。

1) 前景篡改

此方法是将一幅图像中的前景区域复制粘贴到同一幅图像的另一不相重叠的区域，以达到增加图像中目标实体的篡改目的。图 3.1.1-10 是 2009 年 6 月 26 日《人民日报》刊登的一幅署名为李辉的照片，该照片被疑造假，引起人们不小的怀疑和震动。作者为了反映人类与鸽子和谐相处，将图像中的多只鸽子复制粘贴到同一幅图像的其他区域。

图 3.1.1-10　拷贝粘贴——前景篡改图像

2) 背景篡改

此方法是将图像中的部分背景区域复制粘贴到同一幅图像的另一不相重叠的区域，以达到隐藏该区域内目标实体的篡改目的。如图 3.1.1-11 中的人被图像中的某块草坪覆盖。

(a) 原始图像

(b) 篡改图像

图 3.1.1-11　拷贝粘贴——背景篡改图像

由于被复制的区域与粘贴区域来源于同一幅图像，在颜色、噪声、纹理、角度、光照等方面都具有与原图很好的一致性，因此篡改区域可以很好地融合到原图像中，篡改后图像用肉眼观察很难引起怀疑。另外，对图像进行拷贝粘贴的篡改很容易操作，且篡改后效果明显，能很好地达到篡改者恶意篡改的目的，故拷贝粘贴是最常用的篡改伪造手段。

3. 拼接

拼接(异图复制粘贴)篡改是将两张或者多张图像中的人或物体的不同部分拼接到一起，以期达到伪装成同一个人或同一张照片的目的。由于不同图像的亮度、色彩区别较大，或者两张或多张图像的成像设备差异较大，故在图像拼接处会存在明显的接缝。篡改者为了掩盖篡改痕迹，在拼接处大多都要进行边缘模糊等润饰操作。可见，成功的拼接篡改图像往往是多种篡改方法结合后的结果，而这将增加影像篡改检验技术的难度。

社会上的图像造假事件曾引发了很大的政治风波。比较典型的是 2003 年在《洛杉矶时报》上刊登的一组英国士兵帮助伊拉克平民的照片，后来被确定其是由两张不同的照片拼接而成的，这位从事新闻工作 30 年的《洛杉矶时报》记者也因此被解雇。具体见图 3.1.1-12。

(a) 原始图像 1　(b) 原始图像 2　(c) 篡改图像

图 3.1.1-12　拼接篡改案例

图 3.1.1-13 是一幅比较有名的换头篡改图像。图 3.1.1-13(a)中为约翰 · 卡尔霍恩，图 3.1.1-13(b)为拼接篡改图像。篡改后图像中，头部属于林肯，身体属于约翰 ·卡尔霍恩。

(a) 原始图像　　(b) 篡改图像

图 3.1.1-13　换头篡改图像

4. 涂抹

涂抹篡改是指篡改者为了掩盖影像中的某些目标，通过一些图像编辑软件的功能(如 Photoshop 的填充功能)，人为地将这些目标抹去，使之成为另一幅图像。图 3.1.1-14(a)是原始图像，图 3.1.1-14(b)是将(a)涂抹篡改后的图像。

(a)原始图像

(b)篡改图像

图 3.1.1-14　涂抹篡改图像

3.1.2　常见的数字视频篡改方法

数字视频篡改主要是指借助某些视频编辑软件或者工具，对视频的格式、内容、画面等进行修改，导致其原始信息完整性和真实性被破坏。从目前遇到的数字视频篡改方式来看，主要分为时间域上的帧间篡改和空间域上的帧内篡改。视频可看成时间轴上一组有序的图像序列，每一幅图像称为一帧。时域篡改是指在时间轴上对视频帧序的篡改，空域篡改是指在空间域上对视频帧内容的篡改，这些手段广泛地运用于影视片后期制作、特效合成中。无论是时域篡改还是空域篡改，都会破坏视频的原始信息，如果将这些恶意篡改的技术用于正式媒体、法庭证物及交通监控视频中等，就会混淆视听，妨碍司法公正，甚至对社会产生严重影响。

1. 删帧篡改

删帧篡改是一种常见的视频篡改，表现为从原始视频序列中删除一系列视频帧。视频帧删除篡改时先对视频解码形成视频帧序列，然后删除序列中的某一帧或者多帧，再对删除后的视频帧序列进行二次压缩编码，形成新的视频。使某个对象或某个动作在原视频中消失，制造不在场证据，或者掩盖对象某种动作的证据。

图 3.1.2-1 给出了删帧篡改示意图。第一行是一个原始视频帧序列，第二行是对原始视频中间几帧进行删帧篡改后的视频帧序列。

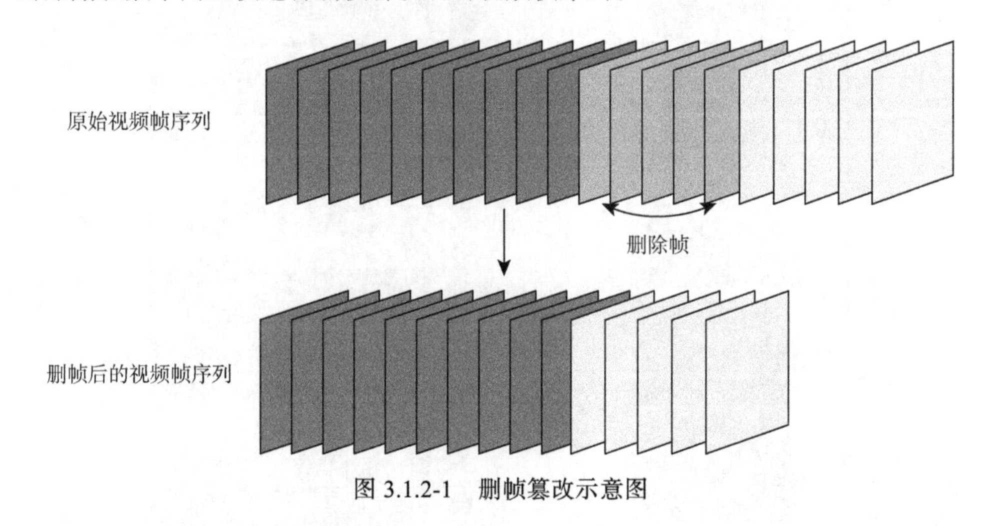

图 3.1.2-1　删帧篡改示意图

图 3.1.2-2 给出了一个删帧篡改的示例，原始视频为监控摄像头拍摄的监控视频，通过删帧篡改去除视频中的人物对象。图 3.1.2-3 给出的示例中，通过删帧去除人物关门的动作，以达到掩盖的目的。

在图 3.1.2-2 和图 3.1.2-3 中，左边是原始视频帧序列，右边是使用删帧篡改后的视频帧序列。虽然理论上视频帧删除可以只删除一帧，但是我们知道，一般视频的帧率为 25 帧/s 或 30 帧/s，属于同一个镜头的相邻帧之间非常相似，如果是为了去除原始视频中的某些物体甚至删除原始视频中某些人物的活动，通常删除一帧不能达到此目的，因此常见的视频帧删除篡改都是连续删除多个视频帧，然后对删除点利用一些编辑技巧进行处理，使得前后衔接自然[4]。

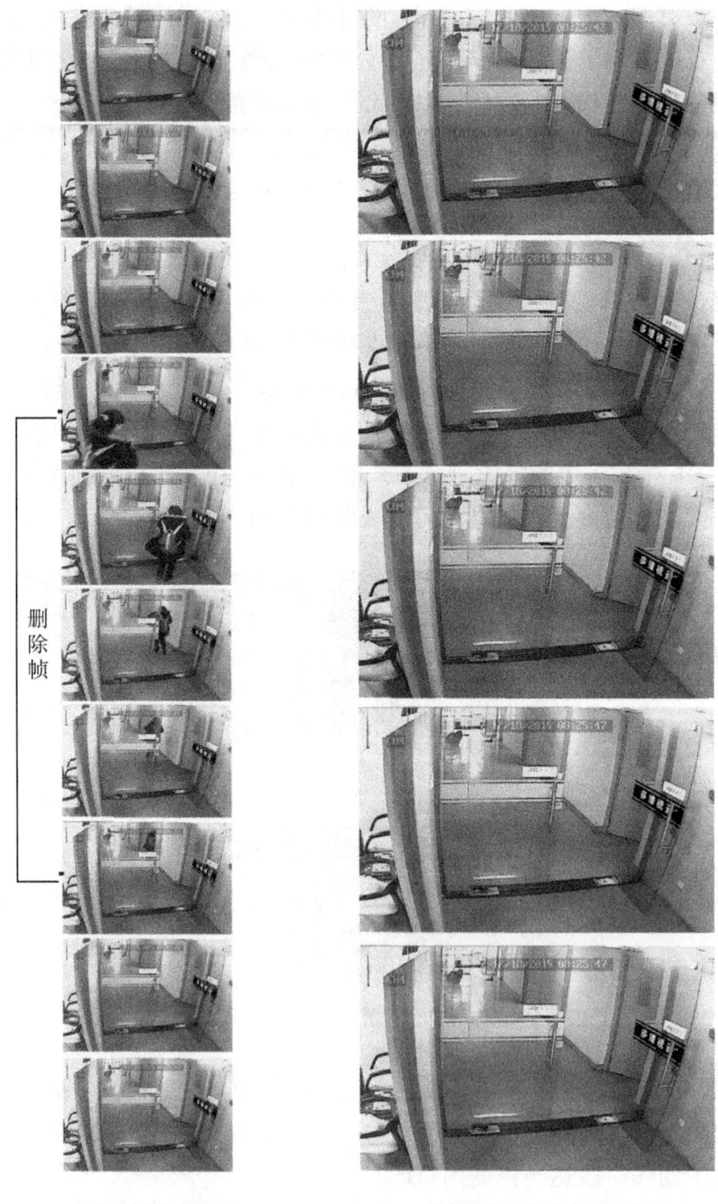

(a) 原始视频帧序列　　(b) 删帧篡改后视频帧序列

图 3.1.2-2　删帧篡改示例 1

(a) 原始视频帧序列　　(b) 删帧篡改后视频帧序列

图 3.1.2-3　删帧篡改示例 2

2. 插入帧篡改

插入帧篡改包括异源帧插入篡改和同源帧插入篡改，其主要是利用把相同场景背景的内容插入原始视频片段中，然后利用编辑软件进行处理，使得前后衔接自然。这种篡改会使视频文件传递不同内容，也会导致视频片段长度的减少或增加。

1) 异源帧插入篡改

异源帧插入篡改是指将其他视频中的帧插入到本视频中，利用一些技巧使插入点前后衔接自然。异源帧插入篡改的特点是在原始视频帧序列的插入点前后会影响原有的变化规律而引起突变。

图 3.1.2-4 给出了一个异源帧插入的视频篡改方式示意图。图中第一行是一个异源插入帧序列，第二行是原始视频帧序列，在原始视频中插入一段其他视频的帧，形成了第三行所示的异源帧插入篡改后的视频帧序列。

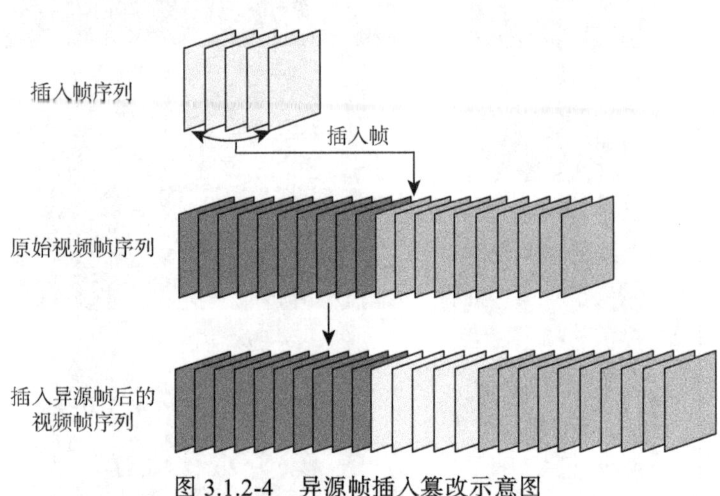

图 3.1.2-4　异源帧插入篡改示意图

2) 同源帧插入篡改

同源帧插入篡改是指将用同一摄像头连续拍摄的视频中的某一帧或者某些帧复制到原始视频帧序列的其他位置。同源帧插入篡改通常用于掩盖人物或者事件，比如将人物或者事件帧从视频帧序列中删除，然后复制同一视频帧序列中的其他帧来使视频帧序列连接自然，以起到替换的作用[4]。

图 3.1.2-5 给出了一个同源帧插入篡改示意图。第一行是一个原始视频帧序列，第二行是将原始视频帧序列的最后几帧复制粘贴到该视频帧序列的其他位置得到的篡改视频帧序列。

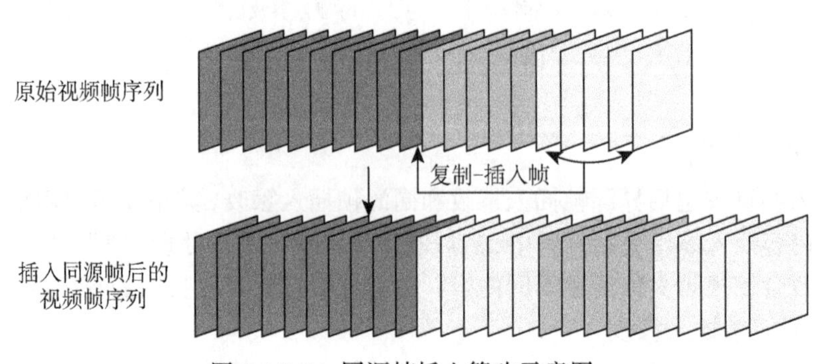

图 3.1.2-5　同源帧插入篡改示意图

图 3.1.2-6 给出了一个同源帧插入篡改示例，原始视频为监控摄像头拍摄的监控视频，通过同源帧插入篡改以实现人物多次经过门口的场景。图 3.1.2-6(a)中的 5 帧来自原始视频帧序列，图 3.1.2-6(b)是使用同源帧复制篡改后的视频帧序列，图中插入的视频帧来自同一监控视频的后半段，这样能够让视频帧序列衔接更自然。

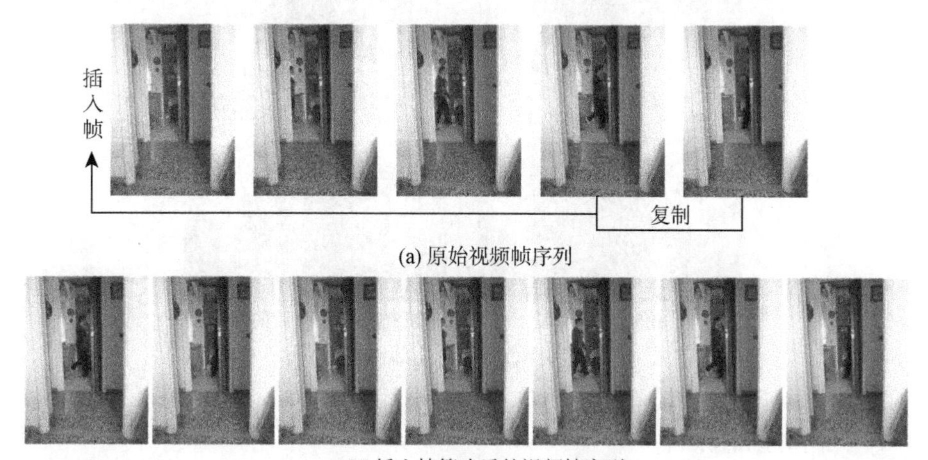

(a) 原始视频帧序列

(b) 插入帧篡改后的视频帧序列

图 3.1.2-6　同源帧插入篡改示例

3. 帧内容篡改

不同于删帧和插入帧的时间域篡改，帧内容篡改是一种空间域篡改方式，和数字图像篡改手段类似，主要是针对视频帧的某一区域中的目标进行修改，删除或遮掩某些对象。可以是视频帧内对象的删除或者复制粘贴，也可以是同一视频片段其他视频帧中的对象复制粘贴，甚至是来自其他视频片段或图像中的对象复制粘贴。由于视频帧具有高度的连续性，通常一个对象会持续地在多帧中出现，因此，空间域篡改需要对连续的多帧进行操作，而且还得对修改区域周围的部分进行融合，减少引起视觉上的明显破绽的可能性。因此，这种类型的篡改难度较大，需要专业的技术知识[5]。

1) 帧内复制粘贴

帧内复制粘贴篡改是指对解码后得到的视频帧的某一区域的内容进行复制并粘贴到同一帧另外一个区域的操作，比如将某帧内的物体复制到本帧其他位置，或者用一部分背景区域将帧内本来存在的物体覆盖，达到删除的目的，或者将本来存在的事物换成本帧内的其他事物等，篡改示例如图 3.1.2-7 所示。

在图 3.1.2-7 中，(a)是原始视频帧，(b)是帧内区域复制粘贴篡改后的视频帧，图 3.1.2-7(a)中的猫已被同一帧中的地板所覆盖。由于视频帧的连续性，通常一个物体会在持续的多帧中出现，因此，对于视频帧内区域复制粘贴篡改时需要对连续的多帧进行篡改，而且必须对篡改区域周围部分进行融合，以免引起视觉上的明显破绽。

(a)原始视频帧

(b)复制粘贴篡改后的视频帧

图 3.1.2-7　帧内复制粘贴篡改示例

2) 帧内对象消除

帧内对象消除篡改通常是利用编辑软件对视频中特定区域内的对象进行消除。篡改示例如图 3.1.2-8 所示，是利用 Photoshop 软件将视频中的猫消除后的效果图。

(a)原始视频帧

(b)对象消除篡改后的视频帧

图 3.1.2-8　帧内对象消除篡改示例

3) 帧内抠像合成

帧内抠像合成篡改就是利用通道提取技术提取纯色背景视频的前景部分，并将获得的前景与其他视频的背景融合，形成一个新的视频。帧内抠像合成篡改示例如图 3.1.2-9 所示。

(a) 原始视频帧1　(b) 原始视频帧2　(c) 抠像合成之后的视频帧

图 3.1.2-9　帧内抠像合成篡改示例

3.2　防范篡改的方法

伴随着数字技术的迅猛发展，借助各种多媒体处理技术、工具和软件篡改甚至合成数字多媒体变得越来越容易。因此，多媒体信息在存储、传播过程中，特别是在经由网络传播的情况下，遭受各类恶意篡改攻击的可能性大大增加。在主观听视觉系统已经无法对获得的多媒体信息的真实性进行认证的情况下，受众对多媒体信息的信任度会极大降低。在这种大背景下，信息安全认证技术的重要性与日俱增。

信息安全认证技术的主要任务是对多媒体信息的真实性、完整性进行保护，防止对信息的篡改、非法复制、盗用、非法截取传播等非授权行为，目的是证明信息内容本身的可信任性。

信息安全认证技术大体可以分为两种：主动认证技术和被动认证技术。

3.2.1　主动认证技术[6]

信息的主动认证技术一直是密码学的重要内容之一，在密码学中，数字签名在身份认证、数据完整性、不可否认性等方面有着重要的应用。数字签名在ISO7498—2标准中定义为："附加在数据单元上的一些数据，或是对数据单元所作的密码变换，这种数据和变换允许数据单元的接收者用以确认数据单元来源和数据单元的完整性，并保护数据，防止被人(如接收者)进行伪造。"简单地说，数字签名就是信息的发送者根据信息产生他人无法伪造的一段数字串，这段数字串同时也是信息真实性的一个有效证明。信息的接收方对此签名进行验证以认证信息的真实性。

一般情况下，信息发送者对欲发送的信息进行摘要，并对摘要进行签名以验证信息的完整性。基于哈希函数(Hash function)的消息摘要算法(message digest algorithm)不属于强计算密集型算法，其运算速度较快，应用也最为广泛。常用的基于哈希函数的消息摘要算法主要有三大类：MD(message digest)，SHA (secure Hash algorithm)，MAC (message authenticate code)。常用的数字签名方法有DSA(digital signature algorithm)、RSA(Rivest-Shamir-Adleman)、ElGamal(Taher Elgamal提出的算法)、椭圆曲线算法等。

哈希函数其实定义了一个压缩映射，它把一段任意长的信息映射到一个固定长的输出，该输出值称为哈希值，也就是信息的摘要。在信息安全领域中的哈希函数应具备下面的特性：

(1) 单向性。给定一段输入信息能通过简单计算得到唯一对应的哈希值；而给定一个哈希值，在计算上却不可能构造出一段输入信息，使得此输入信息映射为给定的哈希值。

(2) 抗冲突性。给定一段输入信息，在统计上无法找到另外的一段输入信息，使得两者的哈希值相等。

(3) 均匀性。哈希值中为0的比特与为1的比特大致相同。

哈希函数可以用于验证接收数据的完整性，通过与其他加密方法相结合使用，还可以实现对数据的身份认证功能。现以图像信息为例，介绍如何利用数字签名的方法，对图像数据进行认证。如图3.2.1-1所示，图像的签名技术也使用了哈希函数的思想，定义了一个从图像到定长数字的压缩映射，通过哈希值对图像的完整性与身份作认证。发送方首先提取出原始图像的特征信息，然后根据此信息计算图像摘要并结合加密密钥产生图像签名。将图像签名与图像一起发送给接收方。其中，图像签名可以嵌入图像中或分别传输。在接收端，检测者接收到待测图像及图像签名。首先用同样的方法产生出待测图像的摘要，然后与签名经解密后得到的摘要进行比较。如果两者相同，则表示图像没被篡改，否则图像经过了篡改。

传统的哈希函数实现了对图像内容的精确认证，但是精确意味着不允许图像的任何失真。鲁棒的哈希算法在允许某些合理失真的前提下对图像的内容进行认证。即使图像经过如图像去噪、有损压缩、几何变换等合理失真，只要图像的内容相似，它们的哈希值间的“距离”就会很接近，而内容不相同的两幅图像，其哈希值间的“距离”将会变得很大。图像哈希技术除了应用于图像的完整性与身份认证外，还可以应用于基于内容的图像检索、图像数据查询以及数字水印等其他方面。

然而，多媒体信息巨大的数据量以及数据间的冗余使得基于数字签名的多媒体信息的内容认证存在明显不足：①由于信息的高冗余度，基于数字签名的信息认证会有效率不高等缺陷；②在传输过程中，数字签名信息独立于被认证信息，容易遭受攻击；③尽管有鲁棒算法的存在，但数字签名对正常的信号处理(如数据压缩、信号滤波等)、信道噪声(如无线信道等)、网络问题(如网络拥塞、丢包等)等非恶意篡改过于敏感；④无法定位篡改位置等。与之相对应，作为信息认证的一种手段，多媒体数字水印技术在这些方面展现了更好的应用前景，获得了迅速发展。

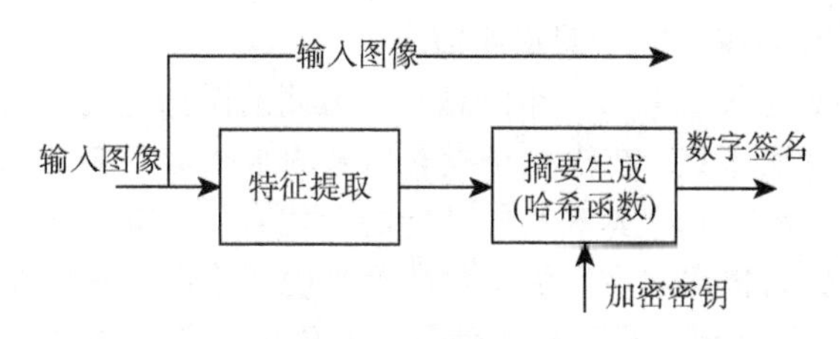

(a) 发送方图像签名过程

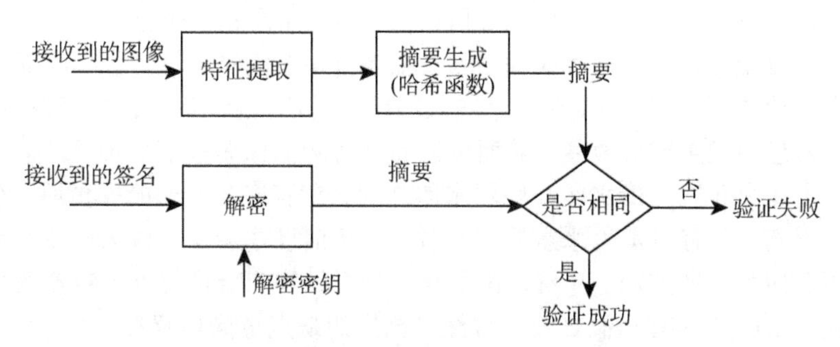

(b) 接收方图像签名验证过程

图 3.2.1-1　基于数字签名的图像信息认证模型

基于数字水印认证技术的基本模型如图 3.2.1-2 所示。在发送端产生水印并将其嵌入需要保护的原始图像中得到水印图像。在传播过程中，水印图像可能会受到一些攻击，包括恶意攻击、信道噪声、图像压缩处理等。在接收端，检测者再根据相应的水印检测算法从接收到的图像中完全或部分恢复出水印信号，并据此对图像内容等进行认证。

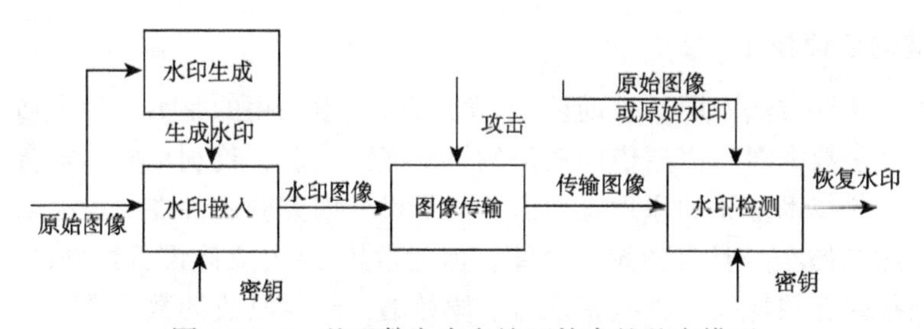

图 3.2.1-2　基于数字水印认证技术的基本模型

可以看到，下面的三个处理是基于数字水印认证技术的系统中必不可少的：

(1) 水印的生成。典型地，水印信息依赖于原始图像(或结合一个密钥)。

(2) 水印的嵌入。把生成的水印信息嵌入原始图像中，得到水印图像。

(3) 水印的检测。根据水印的嵌入算法，得到相应的水印检测算法。在非盲的情况下，还需借助原始图像或原始的水印信息。

最后，检测者根据提取出来的水印信息对待检测的图像进行认证。由于水印图像在传输过程中往往受到干扰，在检测端提取出来的水印信息会与原始水印信息产生差异。其差异程度与水印嵌入算法及所经历的干扰有关。根据水印信号抗干扰能力，水印系统大致可分为鲁棒水印、脆弱水印及半脆弱水印，它们在图像的认证中有着各自的应用场合。鲁棒水印是指水印信号在经历多种信号处理过程后，如滤波、A/D 与 D/A 转换、打印、扫描、几何失真及有损压缩等，仍能保持部分完整性并能被准确鉴别，一般用于版权保护和身份认证。脆弱水印则要求被保护水印图像发生任何形式的改变后，水印信号改变很大，主要应用在完整性认证上。脆弱水印可具有篡改定位功能，即把脆弱水印信息嵌入图像不同位置上，当图像内容发生改变时，这些水印信息会发生相应改变，从而可以鉴别待测图像哪些部分被篡改。半脆弱水印的抗攻击能力介于鲁棒水印与脆弱水印之间，它容许在合理的失真后，水印信息仍然保持不变。只有当发生恶意的篡改时，水印信息才会发生较大改变。半脆弱水印主要用于内容认证方面。从抗攻击的角度来看，传统哈希与鲁棒哈希的思想和脆弱、半脆弱水印技术有相似之处，自然，相应的缺点也同样存在。

从上面的分析可知，基于签名和水印的主动认证技术的共同特点是：在媒体数据建立的同时，需要根据认证的目的和场合，主动地进行人为预处理操作，如水印信息的生成和嵌入、签名的产生等，这就是我们为何称这些技术为主动的认证方法。由于主动认证方法在检测时依赖于之前主动嵌入的水印或生成的哈希值，如果待检测的数据本身并不存在预处理操作嵌入的水印或签名等信息，如前面所讲述的通过胶片篡改图像的例子，则主动认证技术将无法对这些数据进行认证。不幸的是，在大多数的情况下，媒体数据是没有被预处理后加入认证信息的，因此主动认证技术无法满足大多数媒体数据的安全认证要求。

3.2.2　被动认证技术

与主动认证方法不同，被动认证(盲认证)技术采用的是另一种本质上的新模式，它在鉴别数据时不需要借助任何的主动嵌入信息，仅利用媒体本身的特质来实现认证。此技术基于的原理是：由于成像设备内部软硬件在一段时期内的固定性质或自然图像本身具有的统计规律，原始数据(经由成像设备得到的媒体数据)会存在某些固有的特征。这些特征对于原始的、未经篡改的数据具有一致性；如果媒体数据生成后又经过了某些篡改操作，这些固有特征将会遭到破坏，通过检测这些特征数据的一致性，可以实现对数据的被动认证。被动认证技术可以解决许多媒体数据的安全认证问题，例如，媒体数据来源于哪个型号的成像设备或哪一台成像设备，成像设备内部所用算法及算法参数是什么，在原始数据生成后是否经过了某些后处理操作，在哪些区域进行了后处理操作等。因此，被动认证技术是信息安全认证技术的必要组成部分，弥补了主动认证技术在无嵌入信息情形下的不足，被动取证和主动取证技术相辅相成才有可能构成数字媒体真实性认证的完整解决方案。

简单地说，数字媒体被动认证技术指的是，不依赖于任何预先主动嵌入到媒体中的信息，只利用待认证数字媒体本身所提供的信息判断其在媒体生成后是否经过了不当改变的技术。由于被动认证技术的应用背景复杂多样，因此根据不同的应用环境，又衍生出了很多分支。归纳来说，数字媒体被动取证技术的主要任务有以下两项：

(1) 篡改检测(forgery detection 或 tampering detection)：判断数据由成像设备获取之后是否遭受过不合理的恶意修整，并在可能的情况下对修整历史进行复原，即判断修整的类型、位置和修整对原数据的破坏程度。

(2) 来源鉴别(source identification)：判断数据的来源，即成像设备的类别、品牌及型号，如有可能，对成像设备进行个体识别，即不仅能判断设备的品牌型号，还要能判断数据来自哪一台设备。

对数字媒体的不合理的恶意修整即为篡改，它是指以恶意误导人对场景信息的感知为目的的操作，哪些操作属于篡改取决于对证据真实的定义，即取证的场合。来源鉴别和篡改检测并不是相互孤立的。如果数字媒体中的两部分的数据来源不同，就可以断定媒体经过篡改并可以判定篡改数据的来源，即来源鉴别可以为篡改检测提供依据。反过来，篡改检测使用的一些检测工具也可以用于来源鉴别，篡改检测所揭示的自然图像和篡改图像的统计特征差别也为来源鉴别提供了依据。

篡改方式的多样性和不同取证场合对篡改操作的不同定义决定了被动认证技术没有统一的解决方案。从被动认证技术的原理上看，在没有预先嵌入信息的帮助下，我们必须依赖多媒体数据的固有特征，这些特征在未经篡改之前具有一致性，而篡改操作会改变这种一致性。因此，多媒体数据固有特征的发现、提取与检测是被动认证技术的关键所在。

近年来，从“张鸽子”到“悬浮照”，从“伊朗导弹”到“IS 处决战俘”，利用篡改媒体信息误导受众的消息和对信息真实性的争论层出不穷，因为缺少嵌入信息，这些问题都是主动认证技术无法解决的，受应用前景的推动，多媒体信息被动认证的研究发展十分迅速，一些有效的被动认证算法相继被提出。被动认证作为一种数字媒体安全认证的新技术，不仅已经成为倍受瞩目的研究领域，其应用也日趋成熟。

3.3　数字影像的盲篡改检测

3.3.1　介绍

近年来，随着手机、相机、摄像机这些便携、操作简单的设备以及影像编辑软件的普及，获取、编辑和传播数字影像越来越简单易行，检材和样本的真实性鉴定变得越来越困难。在未进行原始性和真实性鉴定的情况下，视频和图像不再被认为是“眼见为实”的证据，因此，研究人员致力于研究数字影像取证这一重要的课题。数字图像因在法学、医学、监控等应用领域被大量用于提供客观证据[7]而得到更多的关注和研究，目前数字图像取证技术已经能够对一幅图像是原始图像还是合成图像、图像是否被篡改以及如何篡改等给出鉴定意见。

相比于数字图像，数字视频取证的研究较少；随着通过篡改视频进行敲诈勒索案件的增多，视频取证变得日益重要[8,9]。一方面，所有能用在数字图像上的修改，均能在视频图像序列的单帧图像上应用，以达到从视频所记录场景中隐藏或擦除细节的目的；另一方面，数字视频有图像所不具备的时空特性，可以通过删除帧、复制帧和插入帧的方式进行篡改。同时，在实际应用中，视频数据通常经过压缩后进行存储，再加上视频反取证技术的出现，视频取证分析更为困难。

关于图像采集所用相机特性的研究，构成了图像取证的基础，其中研究最多的是 CCD/CMOS 传感器的光响应非一致性(PRNU)噪声。PRNU 噪声可用于数字相机种类辨识以及图像完整性检测[10]，当图像经过 JPEG 压缩后也被证明有效。普通数字相机只有一个传感器，因此在传感器上面放置一个彩色滤波阵列(CFA)，然后插值得到其余两个通道的颜色合成彩色图像，检测色彩插值相关性可进行设备模式识别和篡改检测[11]。利用合成图像相机镜头色差的不一致实现篡改区域的定位[12]。许多图像压缩方法都是有损压缩，这为基于图像编码的取证研究提供了线索。专家因此可以推断一幅图像是否被压缩、是否经过分块处理及估计块尺寸、采用了何种编码方式[13]和采用量化步长的大小等。针对 JPEG 二次压缩，可通过分析 DCT 系数直方图异常来检测。场景信息不依赖图像底层特征，图像经过强压缩，质量很低也很有效，因此对于图像真实性鉴定来说是一种非常有用的方法。主要应用通过场景光照方向[14]和人眼反射光点不一致、场景中阴影的几何和颜色反常[15]现象及广告牌的透视反常[16]来检测图像合成篡改。为了保护图像版权、制止非法复制，需要检测图像复制和复制粘贴篡改。一些人声称他们的图像是在不同的时间和地点拍摄的，但是，通过检查相应图像特征之间的相似度，就能判断是否是复制图像[17]。许多图像复制粘贴检测方法都是基于尺度不变特征变换(SIFT)算法，来检测场景中是否存在经过复制粘贴的相同物体[18]。

与弹道指纹取证技术相似，多媒体取证中最早出现的方法之一是图像采集分析，即辨识采集图像的原始设备，主要通过三个层次进行分析：检材内容由何种设备或技术生成？使用什么品牌的设备得到？具体由哪台设备生成？图像采集设备辨识已得到很多研究，其中一些方法可以为视频源辨识借鉴，但是有关视频的源辨识技术还很不成熟。有关视频采集设备辨识的工作大都是围绕生成检材内容的特定设备展开。Kurosawa 等首先引入摄像机指纹的问题[19]，他们观察到，由 CCD 芯片制造工艺所决定的暗电流噪声会使每个设备生成的视频帧都有不同的固定模式噪声，并给出了一种估计模式噪声的方法。该方法需要数百黑色帧提取噪声，通常难以满足，但仍被认为是视频设备辨识的开创性工作。尽管不是传感器产生的唯一噪声，许多图像设备辨识方法都采用 PRNU 噪声作为特征，因为它有很好的鲁棒性，而且设备制造工艺难以消除这种乘性噪声。Amerini 等[20]选择一个恰当的去噪滤波器，通过平滑物体(如墙、天空等)的一组图像就可以提取出 PRNU 噪声，然后计算检材噪声和设备 PRNU 噪声的相关性就可以进行来源判断。van Houten 等[21]深入研究了低质量视频的源辨识问题。他们使用不同的摄像机，采用不同的分辨率和比特率录制了一些视频，然后上传到 YouTube 再下载。由于上传时 YouTube 对视频进行了重编码，视频至少经历了两次压缩。实验表明，若能从视频中提取出 PRNU 噪声模板且在上传时视频画面比例没有变化，那么对低质量视频，基于 PRNU 噪声的源辨识仍然有效。

翻拍就是拍摄显示在显示器上或投影在屏幕上的视频。Wang 和 Farid[22]采用多视图几何原理检测重投影视频。现实世界的场景是立体的，而翻拍场景则被限制在屏幕的平面上，重投影会导致全局投影内参数矩阵的非零斜。假定首次拍摄时相机没有倾斜，如果估计的内参数矩阵斜度出现明显偏差，说明是重拍视频，其检测准确率达到 88%，只有 0.4%的虚警率，不过多数实验是在人工设置的环境下开展的，自然场景下的效果还有待实验。

Lee 等[23]针对检测图像是否是翻拍的隔行扫描视频进行研究。隔行扫描视频相邻时间点的扫描线分别记录在相邻两场中，将相邻时间点的两场合成到一起得到全分辨率帧。如果一段视频中包含快速运动对象，或者是摄像机快速移动，就会引入梳束失真。他们利用梳束失真的方向特性，从小波变换子带以及垂直、水平差分直方图中提取了 6 个判别特征，然后进行分类，实验结果表明该方法平均准确率达到 97%以上。常见的视频合成检测方法是基于视频内容提取特征进行检测。不过 Bayram 等[24]指出，这些方法对相似但并非彼此复制的视频辨识效果不好，比如不同人拍摄的同一场景的两段视频。因此，他们提出使用从视频中提出的设备特征进行合成检测，具体来说就是提取生成视频的摄像机的 PRNU 噪声指纹进行加权平均。对于模糊、丢帧、对比度增强、亮度调节、加字幕、压缩等常规处理，该方法也有较强的鲁棒性，但是文章没有提到旋转和缩放，很可能是破坏了 PRNU 噪声指纹。实验结果表明，检测 YouTube 视频的准确率达到 96%，虚警率也只有 5%。

视频已经广泛应用于安防监视系统，并被认为是比单张图像更有力的证据。但由于出现越来越多的视频编辑工具，视频篡改也变得容易起来。替换、删除、复制视频中的某些帧，或在视频中引入、复制、删除对象，都是一些常用的方法。视频篡改和视频取证都可以按帧内(单帧)和帧间(多帧)进行分类。应用图像取证方法分析单帧图像进行视频取证并不太实用，主要因为：视频数据复杂，取证分析计算要求高；图像取证不能检测帧复制等帧间篡改，无法从时间维度上进行分析。

Hsu 等[25]基于噪声残差的时间相关性进行视频篡改检测。对每帧分块，然后估算相邻两帧同一位置上块的噪声残差的时间相关性。如果块经过修补或是从其他地方复制而来，相关性就会降低；而相邻复制帧的相关性为 1。文献采用两步检测法来降低方法复杂性：首先采用粗略阈值对块间相关性进行检测，如果出现较多可疑块，建立噪声残差相关性的高斯混合模型，对参数进行更为精确的估计。但是实验结果并不理想，只能检测出复制粘贴篡改视频中 55% 的块，虚警率为 3.3%；对帧内修补篡改的检测率为 74%，虚警率也增加到 7%；若视频经过有损编码，检测效果会随着量化步长增加而急剧下降。Kobayashi 等[26]利用固定采集设备的噪声特性从视频静态场景中检测可疑的篡改区域，其中重点使用了光子散粒噪声(主要依赖于噪声水平函数(NLF)所确定的辐照度)，通过检测篡改区域和非篡改区域 NLF 的一致性，得到每个像素篡改的可能性。由于无法直接得到像素是否属于篡改区域，所以使用期望最大化(expectation maximization，EM)算法同时估计视频 NLF 以及像素篡改可能性。对未压缩的静态视频，可以检测 97% 的篡改区域，而且只有 2.5% 的虚警率。但是对于压缩静态视频，该方法的检测性能会迅速降低，这就限制了其在实际中的进一步应用。

视频编码会严重影响基于相机特性的取证方法的有效性，但是编解码本身就会向视频中引入可用于检测篡改的痕迹。最近几年，研究人员通过研究编码痕迹的存在性和不一致性，来判断视频真实性并对篡改区域进行定位。Wang 等提出的检测视频二次压缩的方法同样可以用来检测篡改，接着对 MPEG 视频二次压缩进行更精确的表达，可以检测 16×16 像素的二次压缩宏块。因此，这种方法也能够检测只有部分像素被二次压缩的帧，比如由绿屏抠像技术得到的视频。该方法的性能由两次压缩质量因子的比值决定：比值大于 1.7，检测率能达到 99.4%；比值小于 1.3，检测率就骤减到 2.5%。Wang 等[27]又提出另一种可以检测隔行以及去隔行视频篡改的算法。考虑到去隔行视频帧中缺失行的生成方式，未经修改的视频是时空相关场的组合；若一个区域被篡改，这种关系就遭到破坏，从而可以检测篡改。他们使用 EM 算法对滤波器参数进行估计，并将像素按原始区域和篡改区域进行划分。对于由奇数场和偶数场合成帧的隔行视频，快速运动的物体会向视频中引入梳束失真；由于其强弱取决于场间运动量，场间运动不一致就能揭露篡改。这两种方法都能确定出现篡改的时间位置。由于压缩会减弱像素间的相关性，这种方法适合检测中/高质量的去隔行视频。

以上讨论了一些基于编码痕迹的视频篡改检测方法。视频编码算法要比图像 JPEG 压缩算法复杂很多，不容易建立其数学模型，所以通过编码引入痕迹检测篡改有一定困难。但是，这也促使研究人员继续寻找那些对有损编码更加鲁棒的编码痕迹，以得到更好的检测效果。

3.3.2 MD5 码

MD5 即 message digest algorithm 5(信息摘要算法第 5 版)，用于确保信息传输完整一致。MD5 是计算机广泛使用的杂凑算法(又译为摘要算法、哈希算法)之一，主流编程语言普遍已有 MD5 实现。将数据(如汉字)运算为另一固定长度值是杂凑算法的基础原理，MD5 的前身有 MD2、MD3 和 MD4。

MD5 的作用是让大容量信息在用数字签名软件签署私人密钥前，被“压缩”成一种保密的格式(就是把一个任意长度的字节串变换成一定长度的十六进制数字串)。除了 MD5 以外，比较有名的还有 sha-1、RIPEMD 以及 Haval 等[28]。Rivest 在 1989 年开发出 MD2 算法。在这个算法中，首先对信息进行数据补位，使信息的字节长度是 16 的倍数。然后，以一个 16 位的检验和追加到信息末尾，并且根据这个新产生的信息计算出散列值。后来，Rogier 和 Chauvaud 发现，如果忽略了检验，将和 MD2 产生冲突。MD2 算法加密后结果是唯一的(即不同信息加密后的结果不同)。为了加强算法的安全性，Rivest 在 1990 年又开发出 MD4 算法。MD4 算法同样需要填补信息以确保信息的比特位长度减去 448 后能被 512 整除(信息比特位长度 mod 512 = 448)。然后，加入一个以 64 位二进制表示的信息初始长度。信息则被处理成 512 位 Merkle-Damgård 迭代结构的区块，而且每个区块要通过三个不同步骤的处理。Den Boer 和 Bosselaers 以及其他人很快发现了攻击 MD4 版本中第一步和第三步的漏洞。Dobbertin 向大家演示了如何利用一部普通的个人电脑在几分钟内找到 MD4 完整版本中的冲突(这个冲突实际上是一种漏洞，它将导致对不同的内容进行加密却可能得到相同的加密后结果)。毫无疑问，MD4 就此被淘汰了。尽管 MD4 算法在安全上有个这么大的漏洞，但它对在其后被开发出来的好几种信息安全加密算法的出现，却有着不可忽视的引导作用。1991 年，Rivest 开发出技术上更趋近成熟的 MD5 算法。它在 MD4 的基础上增加了“安全-带子”(safety-belts)的概念。虽然 MD5 比 MD4 复杂度大一些，但更为安全。这个算法很明显地由四个和 MD4 设计有少许不同的步骤组成。在 MD5 算法中，信息-摘要的大小和填充的必要条件与 MD4 完全相同。Den Boer 和 Bosselaers 曾发现 MD5 算法中的假冲突(pseudo-collisions)，但除此之外还没有发现其他问题。

MD5 的典型应用是对一段信息(message)产生信息摘要，以防止被篡改[29,30]。例如，在 Unix 下有很多软件在下载的时候都有一个文件名相同，即文件扩展名为.md5 的文件，在这个文件中通常只有一行文本，大致结构如下：

MD5 (tanajiya.tar.gz) = 38b8c2c1093dd0fec383a9d9ac940515

这就是 tanajiya.tar.gz 文件的数字签名。MD5 将整个文件当作一个大文本信息，通过其不可逆的字符串变换算法，产生了这个唯一的 MD5 信息摘要。为了让读者对 MD5 的应用有个直观的认识，作者以一个比方和一个实例来简要描述其工作过程。

大家都知道，地球上任何人都有自己独一无二的指纹，这常常成为司法机关鉴别罪犯身份最值得信赖的方法；与之类似，MD5 就可以为任何文件(不管其大小、格式、数量)产生一个同样独一无二的“数字指纹”，如果任何人对文件做了任何改动，其 MD5 值也就是对应的“数字指纹”都会发生变化。

我们常常在某些软件下载站点的某软件信息中看到其 MD5 值，它的作用就在于我们可以在下载该软件后，对下载的文件用专门的软件(如 Windows MD5 Check 等)做一次 MD5 校验，以确保我们获得的文件与该站点提供的文件为同一文件。

具体来说，文件的 MD5 值就像是这个文件的“数字指纹”。每个文件的 MD5 值是不同的，如果任何人对文件做了任何改动，其 MD5 值也就是对应的“数字指纹”就会发生变化。比如下载服务器针对一个文件预先提供一个 MD5 值，用户下载完该文件后，用这个算法重新计算下载文件的 MD5 值，通过比较这两个值是否相同，就能判断下载的文件是否出错，或者说下载的文件是否被篡改了。

对 MD5 算法可以简要叙述为：MD5 以 512 位分组来处理输入的信息，且每一分组又被划分为 16 个 32 位子分组，经过了一系列的处理后，算法的输出由 4 个 32 位分组组成，将这 4 个 32 位分组级联后将生成一个 128 位散列值。

MD5 算法具有以下特点：

(1) 压缩性：任意长度的数据，算出的 MD5 值长度都是固定的。

(2) 容易计算：从原数据计算出 MD5 值很容易。

(3) 抗修改性：对原数据进行任何改动，哪怕只修改 1 个字节，所得到的 MD5 值都有很大区别。

(4) 强抗碰撞：已知原数据和其 MD5 值，想找到一个具有相同 MD5 值的数据(即伪造数据)是非常困难的。

由于 MD5 码的特点，MD5 码可以用于数字影像文件的比对，当两个数字影像文件的 MD5 码一致时，这两个数字影像文件是完全一样的。

3.3.3 十六进制文件查看

1. 数字的进制表示

在介绍十六进制文件之前，我们先回顾一下数字的表示方法。我们使用的数字都是用有限的数字符号排列表示的，从最低位起计数，超过一定数值 N 就要进位，N 称为基数。每一位在计算最终的数值时，都会乘上一个基数的幂作为权重。

例如，我们常用的十进制数字 123，则基数是 10，个位的权重是 1，十位的权重是 10，百位的权重是 100，$123 = 3\times1+2\times10+1\times100$。再如二进制数字 1011，基数是 2，每一位的权重从低到高依次是 1, 2, 4, 8, 1011 转成十进制就是 $1+1\times2+1\times8=11$。

对于十六进制数字，它的基数是 16，每位上的数字符号可代表 0~15 共计 16

个数值。一般这样表示：0～9 还用十进制的 0～9 表示，10～15 用英文字母 A~F 表示。这样，十六进制数 D8 的各位的权重从低到高依次是 1,16，十六进制数 D8 就等于十进制的 $8\times1+13\times16=216$。

由于十六进制的基数是二进制基数的幂(16 等于 2 的 4 次幂)，所以十六进制表示和二进制表示方式的转换非常容易。二进制数每 4 位直接合并即得到十六进制数，十六进制数每位分解成 4 位即得到二进制数。例如，A(十六进制)$\leftrightarrow$1010(二进制)，6(十六进制)$\leftrightarrow$0110(二进制)，A6(十六进制)$\leftrightarrow$10100110(二进制)。

2. 文件编码格式

文件是以数字形式存储在数字媒介中的数据记录形式。文件编码的本质是由“0”和“1”组成的二进制存储数据。从这个意义上说，所有文件的底层都是二进制格式。但是我们日常处理的文件有相当大的一部分是文本形式的文档，由各种字符编码(记录字母、数字、文字等)和文本控制符(缩进、换行等)组成，可以通过固定的方式读取和处理这些文本和字符，如我们熟悉的记事本程序。这部分文件一般称为文本文件，文本文件只能记录字符串形式的文本内容，不能记录声音、图像、视频和其他数值数据。除文本文件以外的文件称为二进制文件。

简而言之，文本文件是基于字符编码的文件，常见的编码有 ASCII 编码、Unicode 编码等。二进制文件是基于数值编码的文件，用户可以根据具体应用，设定某个值(可以看成自定义编码)，这些值可能代表字符，也可能代表其他数据，如颜色值或长度值。所以，数字图像和数字视频格式文件属于二进制文件。

3. 十六进制查看方式

二进制文件除了可以用相关的应用程序和读写代码打开外，也可以用字符转换的办法，把文件中的数值转换成对应的文本字符值显示，直接查看其数值。由于二进制文件的数值由“0”和“1”组成，直接显示出来冗长枯燥，不符合人的视觉习惯。常见的办法是对二进制表示进行转换，考虑到数据位数的对应关系，一般使用 2 的整数幂作为进制数，如八进制、十六进制等。十六进制字符是常用的二进制查看格式，二进制文件常用十六进制文件查看器显示其具体内容。

计算机中二进制文件的数据单位是 byte(字节)，长度是二进制 8 位。1 位十六进制可对应 4 位二进制，所以每字节使用 2 个十六进制字符代表 8 位二进制数据，则一个 8 位二进制数据的十六进制格式如下所示：

01100010(二进制)→01100010→62(十六进制)

通常的数值显示，要对十六进制格式在数值前加 0x 以示区分，不过如果是十六进制查看器则不需要。图 3.3.3-1 是一段二进制文件中每个字节的十六进制查看内容。图中以 16 字节为一行显示，便于根据地址(也是十六进制表示)定位。图中的第一行翻成十进制就是：255 216 255 224 0 16 74 70 73 70 0 1 1 1 0 96。有经验的人员可以根据这些十六进制格式显示的数据内容，了解二进制文件的编码，进而了解它的含义。

FF	D8	FF	E0	00	10	4A	46	49	46	00	01	01	01	00	60
00	60	00	00	FF	DB	00	43	00	02	01	01	02	01	01	02
02	02	02	02	02	02	02	03	05	03	03	03	03	03	06	04
04	03	05	07	06	07	07	07	06	07	07	08	09	0B	09	08
08	0A	08	07	07	0A	0D	0A	0A	0B	0C	0C	0C	0C	07	09
0E	0F	0D	0C	0E	0B	0C	0C	0C	FF	DB	00	43	01	02	02
02	03	03	03	06	03	03	06	0C	08	07	08	0C	0C	0C	0C
0C	0C	0C	0C	0C	0C	0C	0C	0C	0C	0C	0C	0C	0C	0C	0C
0C	0C	0C	0C	0C	0C	0C	0C	0C	0C	0C	0C	0C	0C	0C	0C
0C	0C	0C	0C	0C	0C	0C	0C	0C	0C	0C	0C	0C	0C	FF	C0

图 3.3.3-1　一段二进制文件中每个字节的十六进制查看内容

4. 十六进制查看应用

一些文字处理软件带有十六进制格式显示功能，也有一些通用的查看十六进制格式文件的工具，如 UltraEdit、Notepad++、EditPlus、HexViewer 等。此外也可以编写代码，将十六进制查看视图集成到自己开发的软件中去，显示的方式是通用的。以 EditPlus 软件的十六进制视图为例。

图 3.3.3-2 中左侧是地址栏，也是十六进制，对应着每行的位置(以 0 为基准)。中间部分是十六进制数据，每行 16 个数据。右侧是 ASCII 字符，如果中间的数据中有对应的 ASCII 编码，则会以字符形式显示出来。

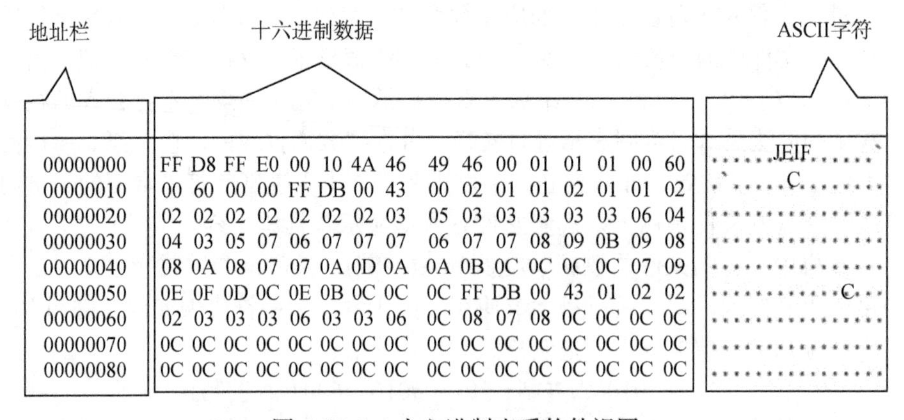

图 3.3.3-2　十六进制查看软件视图

通过使用十六进制查看软件，我们能够更直接更深入地了解文件内部的编码格式，更有效地处理文件。

3.3.4 JPEG 文件头分析

1. JPEG 格式概述[31]

JPEG 文件是目前最常见、使用最广泛的一种图像文件类型。它来自 JPEG 组织。JPEG 组织是在国际标准化组织(ISO)领导之下制定静态图像压缩标准的委员会，第一套国际静态图像压缩标准 ISO 10918—1(JPEG)就是该委员会制定的，发布于 1992 年。至今这个标准仍然是国际上最通行的 JPEG 图像编码标准。准确地说，JPEG 标准只是一种将数字图像压缩成字节流的编码方法，真正将 JPEG 编码实现并将图像字节流封装，存储到特定的媒介中，是通过和 JPEG 编码对应的 JPEG 文件交换格式(JPEG file interchange format，JFIF)完成的。不过通常也把 JFIF 称为 JPEG 格式，这种格式的图像文件一般用“.jpeg”或“.jpg”“.jif”“.jfif”作为文件后缀名。

在介绍 JPEG 格式前，先介绍一下图像压缩的基本概念。数字图像是将图像中每点(称为像素)的颜色值数值化，进而记录整幅图像。但是这样记录的数字图像不但占据很大的存储空间，本身也存在很大的冗余，可供压缩到较小的尺寸。一般来说，图像的压缩分为两种：一种是无损压缩，图像经过解压缩可以完全恢复到初始数据的状态；另一种是有损压缩，图像经过解压缩后不能恢复到初始数据的状态，只是视觉效果和初始图像近似。

JPEG 编码属于有损压缩，经过 JPEG 压缩后的图像文件会损失细节信息，压缩比越高，损失的信息越多。JPEG 编码的图像在压缩比为 10∶1 左右时，仍然能保持较好的画质。而且，JPEG 压缩算法的实现和优化也比较容易，编程和硬件化在当时的技术条件下也可行，这使它在发布之后的短短几年内就获得了成功。目前 JPEG 格式图像被广泛应用于各行各业，特别在互联网、数码相机、图像通信和存储等领域成为主要的使用类型。据统计，目前互联网上的图像有 80%左右是 JPEG 格式。

JPEG 编码的基本流程是：颜色空间转换—降采样—块分割—DCT—量化—熵编码，解码流程是编码的逆过程。其中“DCT—量化”是编解码过程的核心环节，它将 8×8 块的图像数据从空间域变换到频率域，经过量化表量化后，去除高频信息(对应视觉上的细节冗余)，得到的数据量大幅度减小。量化的强度由小到大，对应了压缩率由低到高和图像质量由高到低。

限于篇幅，其他流程的原理在此不赘述。

此外，在 JPEG 标准之后，JPEG 组织还推出了 JPEG 2000 编码标准，以求实现更好的压缩效果(参见 2.3.4 节“2.MJ2 编码概述”中的介绍)。这其实是另外一种图像编码和格式。到目前为止，JPEG 2000 格式的图像还没有得到广泛的使用。

2. JPEG 文件头结构介绍[32]

整体上看，JPEG 格式的文件是由压缩数据和一些起控制作用的段组成的数据序列。这些段的开始有特殊的标记，都是以十六进制 0xFF 开头的两个字节，某些段只包含这两个字节(如开始、结尾)，大多数段在这之后还有两字节表示段的长度，以及后继的数据。图 3.3.4-1 是一个 JPEG 文件段的结构示意图。

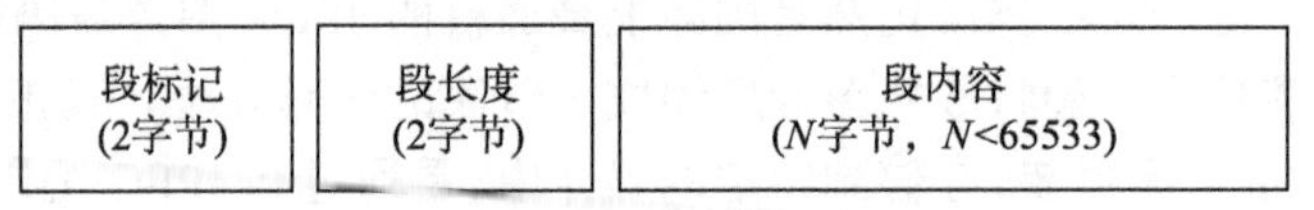

图 3.3.4-1　JPEG 文件段结构示意图

段的标记码有很多定义。表 3.3.4-1 列出了一些常用的段标记。

表 3.3.4-1　JPEG 文件常用段标记

缩写	标记码值 (十六进制)	名称	内容
SOI	0xFF，0xD8	图像开始	无
SOF0	0xFF，0xC0	基线 DCT 结构	图像格式信息
SOF2	0xFF，0xC2	渐进 DCT 结构	图像格式信息
DHT	0xFF，0xC4	赫夫曼表定义	一个或多个赫夫曼表
DQT	0xFF，0xDB	量化表定义	一个或多个量化表
DRI	0xFF，0xDD	重新开始间隔定义	间隔 MCU 块数
SOS	0xFF，0xDA	扫描开始	此结构后面紧跟压缩数据
RST*n*	0xFF，0xD*n* *n*=0~7	复位标记	无
APP*n*	0xFF，0xE*n* *n*=0~15	应用保留标记	图像的一些识别信息，例如，APP1 一般用来记录 Exif 信息
COM	0xFF，0xFE	注释标记	注释文字
EOI	0xFF，0xD9	图像结束	无

需要说明的是，表 3.3.4-1 中的某些段并不一定必须出现，出现的顺序也未必按照表中的顺序。某些段可以重复出现多次，如赫夫曼表和量化表。JPEG 格式的这种特点，造成不同来源的 JPEG 文件头结构可能会存在差异，这也为数字图像鉴定和防篡改技术提供了帮助。

3. JPEG 文件头内容分析举例(DCT 表等)

下面举一个十六进制查看器分析 JPEG 文件的例子，如图 3.3.4-2 所示。此示例文件是标准的 JPEG 格式，它经过 Photoshop 软件编辑处理后保存，所以带有特有的附加信息。由于 JPEG 文件较长，我们在这里只列出文件开始部分的段标记解析，到压缩数据出现为止。段标记用缩写表示。

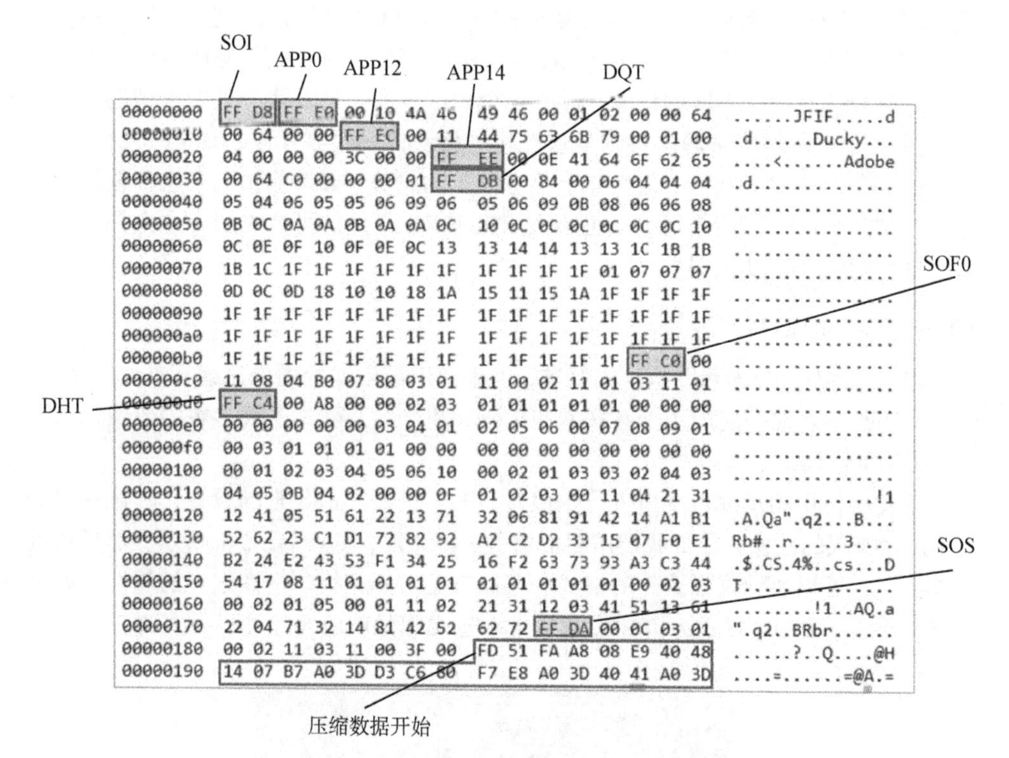

图 3.3.4-2　JPEG 文件结构的十六进制分析

4. JPEG 文件头分析在图像鉴定方面的应用

根据 JPEG 文件的结构，可以从以下几方面提供技术支持：

(1) 根据主结构中的段位置和段顺序，进行原件鉴定。

JPEG 主结构虽然大致相同，但不同的软件和设备在具体的编码实现上，还是存在一定差异。如果图像文件经过其他软件或设备的修改，或者来源于另外的软件和设备，那么图像文件在某些段的使用，以及段出现的位置和次序等细节都有可能和真实文件有所不同。从这些差异信息，再结合实际的图像文件来源情况，我们可以对图像做出真伪鉴定、篡改鉴定。

(2) 根据某些段的信息显示，分析文件来源。

某些段如 APP*n* 本身就会记录图像信息(包括但不限于前面章节提到的 Exif 信息)，注释段也会保存文字信息。这些信息可以对文件的来源提供有价值的参考，以便更准确地鉴定。

(3) 根据 DCT 和 DHT 的信息，验证文件的来源。

(2)中所述的信息在一些 JPEG 文件中不一定存在，还存在简单篡改的可能。而 JPEG 文件的 DCT(量化表)和 DHT(赫夫曼表)是 JPEG 编码的关键组成部分，不可或缺。DCT 段和 DHT 段在每一个 JPEG 格式中都存在，对它们的修改难度较大。所以，记录 DCT 和 DHT 段的位置，段中各个表的分布，以及表中的数据情况，有助于鉴别 JPEG 图像的来源。特别是软件和照相设备一般都有自己专用的几种 DCT 和 DHT，虽然有些会重合，但大体上仍有分类的趋势。如果能够记录这些软件和设备对 DCT 和 DHT 的使用情况，也能推测出 JPEG 文件的可能来源。这也是对图像真伪鉴定的一个重要依据。

3.3.5　二次 JPEG 压缩检测

JPEG 是第一个国际图像压缩标准，也是使用最广泛的图像压缩标准。JPEG 由于优良的品质，被广泛应用于互联网和数码相机领域，网站上大多数的图像都采用了 JPEG 压缩标准。

现实中使用相机或者手机进行拍照时，若不进行其他刻意的设置，默认输出的就是.jpg 格式的图像。比如我们用相机拍摄一幅照片，如图 3.3.5-1 所示，然后拷贝到电脑上，可以看到这幅照片的格式、存储大小、照相机制造商之类的属性，如图 3.3.5-2 所示。若图像格式为 JPEG，表明此时这幅图像就已经经过了一次 JPEG 压缩。

图 3.3.5-1　未经篡改的图像

图 3.3.5-2　未经篡改的图像信息

Photoshop 软件是最常用的一种篡改软件，在 Photoshop 软件中以 JPEG 格式储存时，提供 11 级压缩级别，以 0~10 级表示。其中 0 级压缩比最高，图像品质最差。即使采用细节几乎无损的 10 级质量保存时，压缩比也可达 5∶1。

对 JPEG 格式图像的篡改流程如图 3.3.5-3 所示。若用编辑软件打开一幅 JPEG 图像，进行复制、粘贴等篡改操作(或者不进行任何操作)，之后以 JPEG 格式输出该图像，这个过程结束后，表明图像经过了二次 JPEG 压缩。因为 JPEG 压缩存在 8×8 的栅格，根据第一次 JPEG 压缩和第二次 JPEG 压缩栅格位置的异同，又可以分为栅格对齐的二次 JPEG 压缩和非对齐的二次 JPEG 压缩。目前，对于非对齐的二次 JPEG 压缩还没有能够定位篡改区域的方法，我们主要关注对齐的二次 JPEG 压缩。图 3.3.5-3 中，格子位置代表 JPEG 压缩所用栅格。

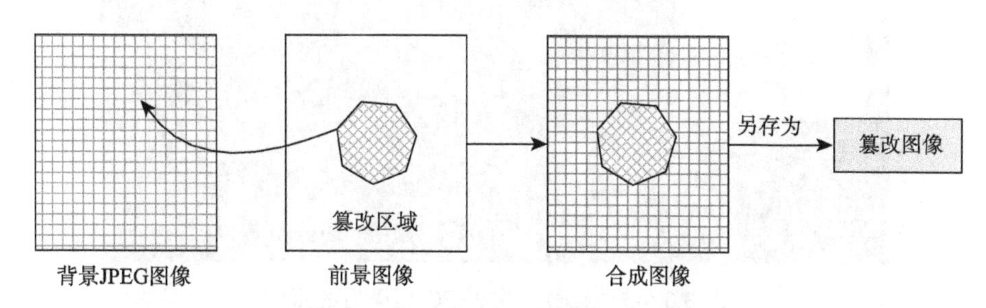

图 3.3.5-3　基于 JPEG 的图像篡改流程

直接观察经过二次 JPEG 压缩的图像，并不能得到什么信息，但是经过二次 JPEG 压缩的图像，会在编解码过程中留下一些痕迹。从图 3.3.5-3 可知，背景图像受到了两次压缩，篡改区域受到了一次压缩。这样，前景图像和篡改区域会经过不同的压缩，这种不同的压缩会给 DCT 系数带来不同的特征。图 3.3.5-4(a)为原始 JPEG 图像的 DCT 系数直方图；图 3.3.5-4(b)为经过二次 JPEG 压缩后的图像的 DCT 系数直方图，可以看到其中“双层”的特性。

图 3.3.5-4　原始 JPEG 图像的 DCT 系数直方图(a)和经过二次 JPEG 压缩后的图像的 DCT 系数直方图(b)

比如将图 3.3.5-1 在 Photoshop 中打开，并将图像中的一朵花经过旋转后复制到另外一个区域，然后存储为 JPEG 格式输出，此时输出的 JPEG 图像即为经过二次 JPEG 压缩后的图像，如图 3.3.5-5 所示。

图 3.3.5-5　经过二次 JPEG 压缩后的图像

在警视通影像真伪鉴定系统中，有一项功能可以检测图像是否存在二次 JPEG 压缩。图 3.3.5-6 是经过二次 JPEG 压缩的图像在警视通影像真伪鉴定系统中的检测结果，而未经二次 JPEG 压缩的原始图像就没有这种“层次”的特性，如图 3.3.5-7 所示。

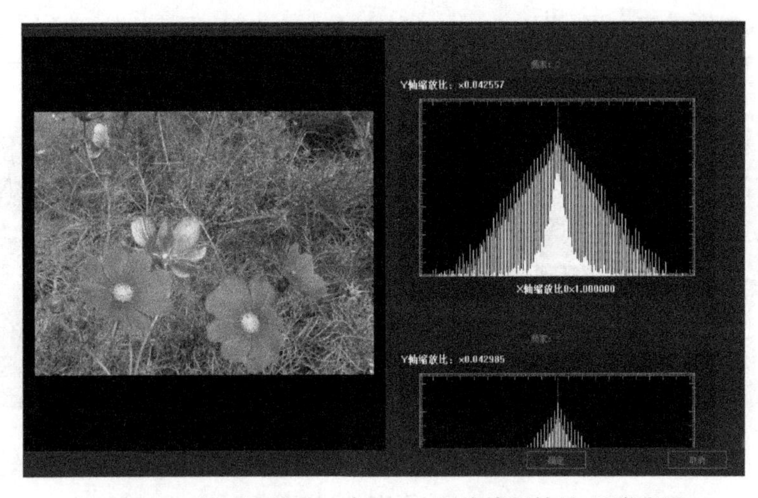

图 3.3.5-6　篡改图像的二次 JPEG 压缩检测结果(后附彩图)

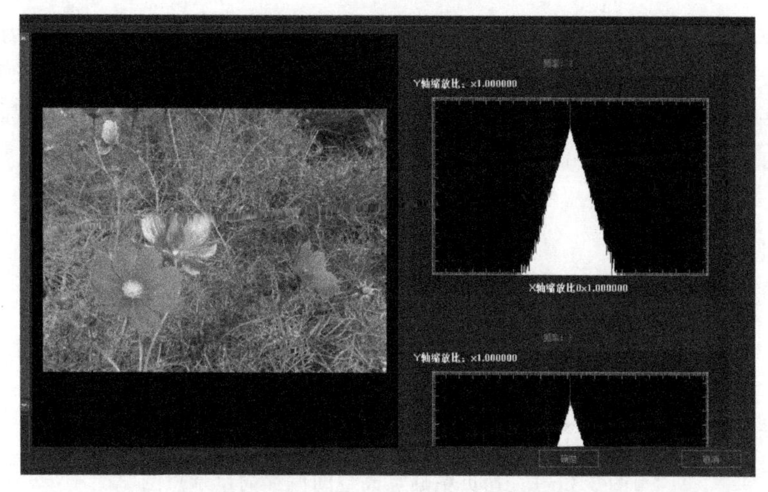

图 3.3.5-7　原始图像的二次 JPEG 压缩检测结果(后附彩图)

该算法就是根据 JPEG 压缩编解码过程中内部存储数据的周期性判断是否存在二次压缩情况，以判断图像是否存在篡改。

3.3.6　同图拷贝粘贴检测

为了掩盖图像中的目标或制造出不存在的目标，一种简单有效的常用篡改手段是将原图像中的某一区域复制，经处理后覆盖目标图像中的某一区域。原图像和目标图像可能是同一幅图像，也可能是不同的图像。我们将这种类型的图像篡改称为复制拼接类篡改。篡改导致在原图像和目标图像中存在某种意义上的相似区域，检测篡改的过程就是寻找相似区域的过程。

本小节的研究对象是原图像和目标图像取自同一幅图像的复制拼接篡改。将图像的一部分复制至同一幅图像中的另一位置以遮盖或伪造目标的篡改方法称为拷贝粘贴篡改，自然景物的多样性和独特性以及光影变化的复杂性决定了同一幅自然图像中存在相似区域的概率很小[2]，因此相似图像区域的存在可以作为拷贝粘贴篡改的判别依据。

拷贝粘贴篡改检测的任务就是提取篡改造成的相似区域。在实际的拷贝粘贴篡改中，被复制的区域并不是简单移动到另一位置，还可能经过润色操作以保证视觉上的真实性。润色操作主要是模糊、添加噪声等处理，润色的程度控制在不为人眼觉察的范围之内。篡改过的图像还可能在有损压缩后保存。因此，稳健的篡改检测算法要能够抵抗变换、润色以及压缩对检测方法的干扰。

1. 基于小块特征向量的字典排序检测算法

如图 3.3.6-1 所示，如果发生了拷贝粘贴篡改，则源区域(被拷贝区域)与篡改区域(粘贴之后的区域)之间互相匹配，相应地，源区域和篡改区域会包括许多相匹配的像素构成的小块，寻找同幅图像中互相匹配的小块就会寻找到源区域和篡改区域，而每一对匹配像素对都有同样的空间偏移向量，这个特点可以作为寻找互相匹配小块的一个补充依据。

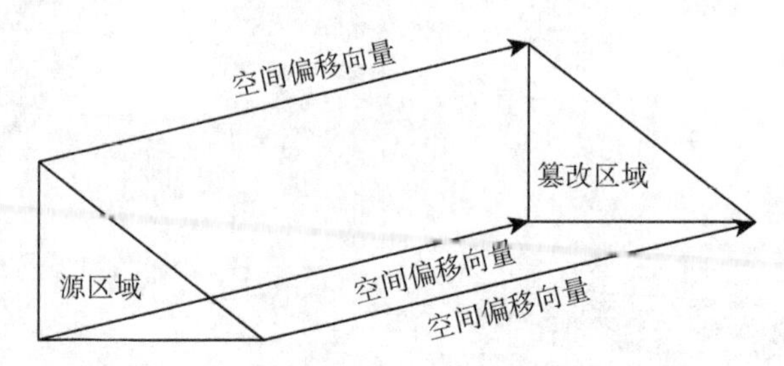

图 3.3.6-1　拷贝粘贴篡改空间偏移向量示意图

为保证算法的效率，不可能穷举寻找互相匹配的小块，Fridrich 等[33]提出的基于小块特征向量字典排序的匹配小块检测流程为其后多数文献所采用。对于尺寸为 $N\times M$ 的图像，基于小块特征向量的字典排序算法的篡改检测流程包括以下步骤：

(1)将尺寸为 $B\times B$ 的矩形窗口沿图像通道逐个像素拖动，得到 $(N-B+1)\times(M-B+1)$ 个图像小块，用小块左上角的空间位置 x,y 表示小块的位置。

(2)计算每个小块的特征向量。

(3)对小块的特征向量做字典排序，因为相似的图像块具有相似的块特征，所以字典排序后相似图像块是相邻的，即排序后索引位置相邻的小块被认为是可能的相似匹配块。对排序后索引为 i 的块，算法认为满足 $|i-j|\leqslant T_{\text{ind}}$ 的索引 j 对应的块是其相似匹配块，其中 T_{ind} 为阈值。

(4)计算相似匹配块之间的空间偏移向量 $(|x_i-x_j|,|y_i-y_j|)$，i,j 表示匹配块排序后的索引。

(5)去掉空间相邻产生的匹配块，即去掉满足条件 $\sqrt{|x_i-x_j|^2+|y_i-y_j|^2}<T_{\text{dis}}$ 的空间偏移向量，其中 T_{dis} 为阈值，控制可能产生匹配块的空间相邻距离。

(6)统计剩余偏移向量出现的次数，出现次数大于 T_{shift} 的偏移对应着疑似篡改区域，找到并描绘这些偏移对应的篡改区域，其中 T_{shift} 为阈值。

从算法描述可以看出，算法有效的前提是篡改区域具有一定的面积。算法流程中的 T_{shift} 对应着能检测到的最小的篡改区域的面积。

特征向量的选择需要考虑算法的效率和稳定性，分析基于小块特征字典排序的算法流程发现，算法的有效性要求篡改造成的相似图像小块的特征向量在字典排序后的索引是相邻的，而算法的稳健性则要求在存在润色操作的情况下排序基本正确，即相似的小块字典排序后索引仍然相邻且相隔很近。随着相机传感器技术的发展，数码相机图片的分辨率越来越大。为了处理分辨率高的待检测图像，最方便的做法就是将图像降采样至能够处理的分辨率，因此，能在实际中应用的检测算法最好能做到图像特征向量在降采样之后仍然具有稳健性，这对小块的特征向量提出了以下几点要求：

(1) 特征向量包含的信息量足以描述不相似的小块之间的区别。

(2) 沿着字典排序的先后顺序，特征向量对小块的描述是“从粗到细”的。

(3) 图像特征在图像经过降采样处理后仍具有稳健性。

根据这三个要求，考虑到软件的计算效率，在软件中，我们选择将量化后的图像块 DCT 系数作为块特征。DCT 块特征对于有纹理信息的小块描述效果很好。如图 3.3.6-2 所示，篡改的地面区域被完整地勾勒了出来。但是，如果被拷贝粘贴的区域是过于平滑的区域，如晴朗的天空、光滑的表面或者压缩质量很低的图像区域等，因为特征向量包含的信息量过少，会出现匹配的错误。

图 3.3.6-2　基于 DCT 的同图拷贝粘贴篡改检测

2. 基于特征点的拷贝-变换-移动篡改检测算法

拷贝粘贴篡改是一种简单有效的篡改方式，但在实际篡改中，为了保证纹理尺度在视觉上的一致性或伪造三维效果，被拷贝的区域不是简单移动粘贴，而是经过旋转和尺度变换等几何变换后再移动粘贴到合适的位置，以便伪造出如“近大远小”的三维透视效果，如图 3.3.6-3 所示。我们将这种更常见也更有效的篡改称为拷贝-变换-移动篡改。篡改造成图像中存在变换意义下相似的图像区域，同样地，自然物体的多样性和独特性以及复杂的光影变化决定了自然图像中不存在几何变换意义下完全相似的区域，相似图像区域的存在可以作为篡改的判别依据。拷贝-变换-移动篡改检测的任务就是提取篡改造成的相似区域。矩形子块的特征向量在几何变换下不具有不变性，因此，基于小块特征向量的方法无法处理此种篡改。

(a)

(b)

图 3.3.6-3　疑似篡改图片

图 3.3.6-3(a)为 2006 年 7 月 23 日《今日早报》题为《大雨袭杭百舸归》的新闻图片。图 3.3.6-3 (b)为 2007 年 5 月 25 日《安徽日报》题为《武警苦练船艇操作技能》的新闻图片。

篡改检测算法需要回答“有没有”和“在哪里”这两个问题。在基于小块特征向量字典排序的检测框架中，这两个问题是一起解决的。为了处理拷贝-变换-移动篡改，我们使用了“先定位，后生长”的检测思路，首先判断是否存在篡改区域并粗略定位出篡改区域的初始位置，即回答“有没有”的问题，然后以初始位置为种子位置，逐步向四周生长扩散，直至找到所有篡改区域，即回答“在哪里”的问题。篡改后的图像还可能经过润色操作以保证视觉上的真实性并抹除篡改痕迹，以及经过 JPEG 有损压缩后保存，稳健的篡改检测算法要能够抵抗变换、润色以及有损压缩对检测方法的干扰。

为了回答“有没有”的问题，我们在待检测图像中寻找是否有匹配的 SIFT 特征点；为了回答“在哪里”的问题，从匹配特征点对出发逐步生长篡改区域；最后，对生长的篡改区域的掩模进行数学形态学闭操作，目的是填补区域之间的空隙。算法框图如图 3.3.6-4 所示。

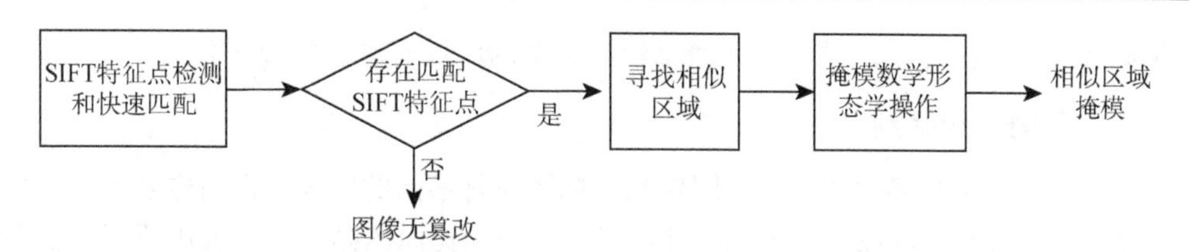

图 3.3.6-4　基于 SIFT 特征点的拷贝-变换-移动篡改检测算法框图

如图 3.3.6-5 和图 3.3.6-6 所示，基于 SIFT 特征点的检测算法在处理同图拷贝-变换-移动篡改的同时，仍然可以用于检测简单的同图拷贝粘贴篡改，但是处理速度会慢于基于 DCT 的方法。

图 3.3.6-5　基于 SIFT 特征点的同图拷贝-变换-移动篡改检测

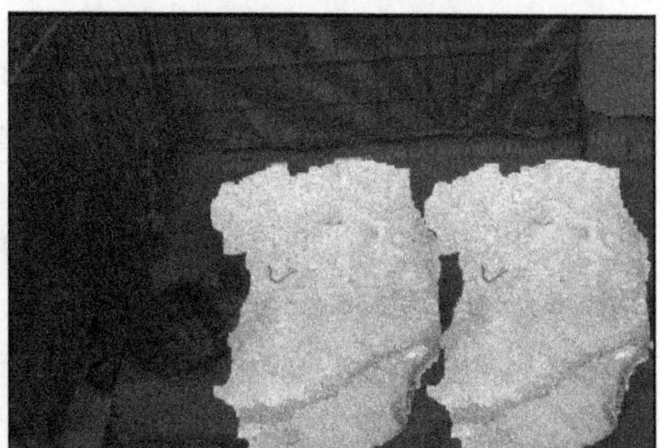

图 3.3.6-6　基于 SIFT 特征点的同图拷贝粘贴篡改检测

算法的准确度依赖于SIFT特征点的检测精度，由SIFT特征点的描述可知，SIFT

本质上仍然是块特征，对于纹理信息较为丰富的区域有更好的效果。

3.3.7 异图拼接检测

在复制拼接类篡改中，若原图像和目标图像是不同的图像，我们称之为异图拼接篡改。因为原图像往往不可知，此类篡改的检测比同图拷贝粘贴要困难得多。在无法获得原图像的情况下，只能寻找成像设备或者篡改方式的固有特征以检测篡改区域。本小节介绍基于 CFA 和重采样的篡改检测算法。

1. 基于 CFA 的算法

数码相机中的传感器是单色器件，只能捕捉到单个通道的数据。如果想得到 RGB 三个通道的所有信息，需要分别对各通道进行处理。虽然已经出现了可以完整获得 RGB 通道信息的技术(如 Foveon X3)，但为减少成本，大多数消费级数码相机依然采用覆盖 CFA 的单传感器得到彩色信息。最常用的 CFA 为 Bayer 模式，如图 3.3.7-1 所示，传感器只能得到相当于单通道数据量的准确信息，在每一个通道中，都有缺失的数据，缺失的数据需要根据已经获得的各通道的准确数据插值得到，这种插值算法称为 CFA 插值算法(也称为去马赛克)。CFA 插值使像素与其邻域有某种关联性，篡改操作可能会破坏这种关联性。因此，可以通过检测 CFA 插值痕迹来检测篡改，若插值痕迹缺失，则痕迹缺失区域就是可能的篡改区域。

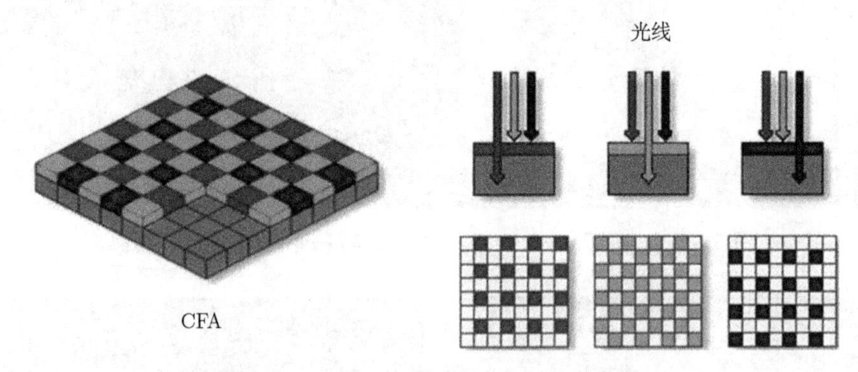

图 3.3.7-1 Bayer 模式的 CFA(后附彩图)

图 3.3.7-1 为 Bayer 模式的 CFA，白色位置为缺失数据位置，其他颜色位置能得到准确数据。

数码相机采用的 CFA 插值算法有两种：一种是全局一致的插值算法；另一种是自适应插值方法，即不同区域采用不同的插值方法。因此，为了检测篡改，检测算法需要能够在局部检测自适应 CFA 插值的痕迹。Gallagher 等[34]利用 Bayer 模式中真实数据位置在空间上的周期性来分辨计算机生成图像和数码相机图像，因为他们的算法利用了 CFA 设计模式的周期性而不是线性关联的周期性，所以能够检测出自适应 CFA 插值。他们的算法局部化之后可以用于定位篡改区域。

由插值的低通性质可知，CFA 插值过程可以看作一个低通滤波的过程。假设图像中的原始像素值服从某一正态分布，在经过插值之后，得到的像素值仍然服从正态分布，但正态分布的方差会小于原始像素值分布的方差，Bayer 模式中的绿色通道的例子如图 3.3.7-2 所示。峰值标志着周期性的存在，峰值小的成片区域会被怀疑为篡改区域。CFA 插值会造成图像的各个对角线上的像素值的方差随对角线位置周期性变化，其周期对应着快速傅里叶变换(FFT)观察到的峰值。若峰值存在，则有 CFA 插值痕迹存在。如果图像中的一块是后来嵌入拼接的，为了保证视觉效果的真实性，很可能进行过拉伸调整等操作，即使没有经过这些操作，其原始像素和插值像素的位置也可能和背景图像不一致，这些因素都会导致拼接的图像区域不具有马赛克效应，所以拼接区域的周期性变化不明显，标志周期性变化的峰值也会很小。

图 3.3.7-2[35]浅色位置为原始像素，假设其值服从正态分布；深色位置为插值像素，假设其像素值是由简单的四周像素平均得到，仍然服从正态分布，但方差为原像素值方差的 1/4，此时对角线位置的方差会有周期性，周期为 2。

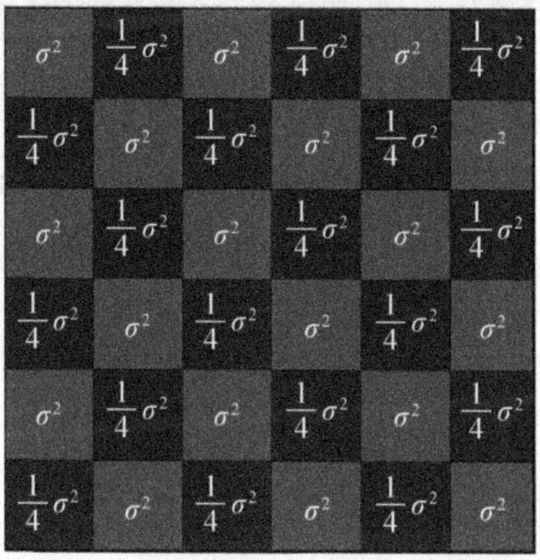

σ^2	$\frac{1}{4}\sigma^2$	σ^2	$\frac{1}{4}\sigma^2$	σ^2	$\frac{1}{4}\sigma^2$
$\frac{1}{4}\sigma^2$	σ^2	$\frac{1}{4}\sigma^2$	σ^2	$\frac{1}{4}\sigma^2$	σ^2
σ^2	$\frac{1}{4}\sigma^2$	σ^2	$\frac{1}{4}\sigma^2$	σ^2	$\frac{1}{4}\sigma^2$
$\frac{1}{4}\sigma^2$	σ^2	$\frac{1}{4}\sigma^2$	σ^2	$\frac{1}{4}\sigma^2$	σ^2
σ^2	$\frac{1}{4}\sigma^2$	σ^2	$\frac{1}{4}\sigma^2$	σ^2	$\frac{1}{4}\sigma^2$
$\frac{1}{4}\sigma^2$	σ^2	$\frac{1}{4}\sigma^2$	σ^2	$\frac{1}{4}\sigma^2$	σ^2

图 3.3.7-2　原始像素和插值得到的像素

基于 CFA 的篡改检测算法原理框图如图 3.3.7-3 所示。峰值标志着周期性的存在，峰值小的成片区域会被怀疑为篡改区域。

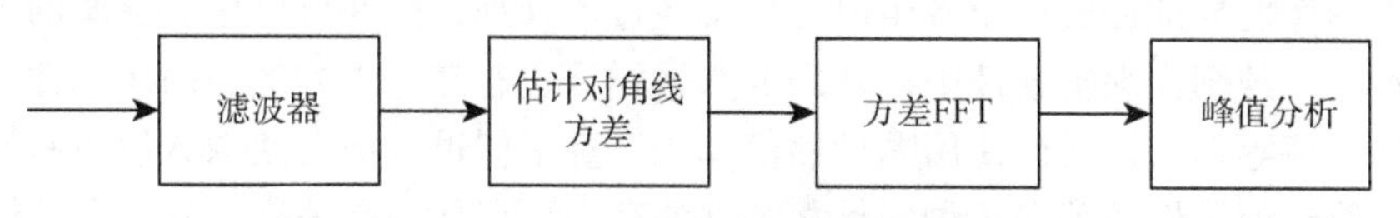

图 3.3.7-3　基于 CFA 的篡改检测算法原理框图

图 3.3.7-4 为基于 CFA 的篡改检测算法示例，右侧图像为检测结果，黑色的区域对应着疑似篡改区域，原始图像取自文献[36]。在此图中，在同样的光照环境和

角度下由同一幅数码相机拍摄儿童的面部表情，并将右侧儿童在不同幅图像中的面部表情处理拼接在一起。从算法的结果可以看出，算法较为精确地定位了图像中的篡改拼接区域。

图 3.3.7-4 基于 CFA 的篡改检测算法示例

从算法的介绍可知，算法的前提是图像中的像素值服从正态分布。事实上，自然图像中的像素值不一定满足此种假设，尤其是纹理和边缘对应的像素值。因此，算法定位篡改区域的能力受到图像内容(尤其是纹理信息丰富的内容)的影响，检测结果在背景图像的纹理非常丰富的情况下不够稳健。

2. 基于重采样的算法

在图像编辑过程中经常要进行旋转、缩放、扭曲等操作，这些操作需要对图像进行重采样。重采样可以大致分为全局重采样和局部重采样。全局重采样是对图像的整体进行操作；局部重采样是对图像的局部进行操作，一般是为了获得真实的观感。全局重采样会改变原始图像中物体的大小、形状等比例相关信息，在某些情况下会被视为篡改的一种方式。异图的复制拼接类篡改往往会有局部重采样操作出现，意味着图像的局部在成像设备生成之后又经过了处理，因此可以作为篡改的依据。在各种常用的图像编辑软件中，常用的重采样算法有最近邻方法、两次线性方法、双三次插值等算法，无论使用哪种插值算法，重采样过程都会使像素值与其邻域中的像素值近似线性相关，这种线性相关性的存在可以作为重采样过程存在的依据。

为了检测到重采样造成的近似线性相关性，Popescu 等[35,37]采用期望最大化(EM)算法估计线性相关的参数并得到像素与其邻域像素相关的概率，若相关性存在，概率图呈现周期性变化，其傅里叶频谱中会出现亮点。将亮点的分布和已知模板做匹配可以粗略估计重采样操作的类型。因为 EM 算法是估计整体参数的，所以以上两种方法只适用于估计参数的区域所用的重采样算法一致的情形，即适用于全局重采样。

Gallagher[38]指出，如果原信号符合高斯分布，则插值信号的二阶导数呈现周期性，表现为二阶导数的傅里叶频谱图中足够锐利的峰值。Gallagher 的方法对伸缩的检测效果较好且能估计出伸缩系数，但是无法检测出旋转和仿射变换重采样。Mahdian 等[39]进一步推导出插值信号的高阶导数和协方差均存在周期性，周期由插值核决定，他们还通过对图像高阶导数进行 Radon 变换解决了无法检测旋转和仿射变换的问题。受到离散导数计算精度的限制，基于导数周期性的方法对低阶插值核的检测效果好，对高阶插值核的检测效果较差。

综合考虑全局和局部重采样，我们选择一种基于导数周期性的算法。选取我们需要判断是否存在重采样痕迹的区域，先利用滤波器得到图像的导数信息，称为边缘 Map，这个边缘 Map 具有周期性，为了检验周期性，将每一行的边缘 Map 作 FFT，查看各行的 FFT 的周期性是否一致。具体做法有两种：先离散傅里叶变换再平均，即先对 Map 的值逐行做 DET，然后对得到的幅值取平均值(简称 DA)；先平均再傅里叶变换，即先将 Map 做行平均，然后对得到的均值做傅里叶变换，取其幅值(简称 AD)。若图像经过旋转和/或伸缩，则得到的曲线会出现峰值，如 3.3.7-5 所示，峰值的位置和旋转的角度与伸缩的程度相关。

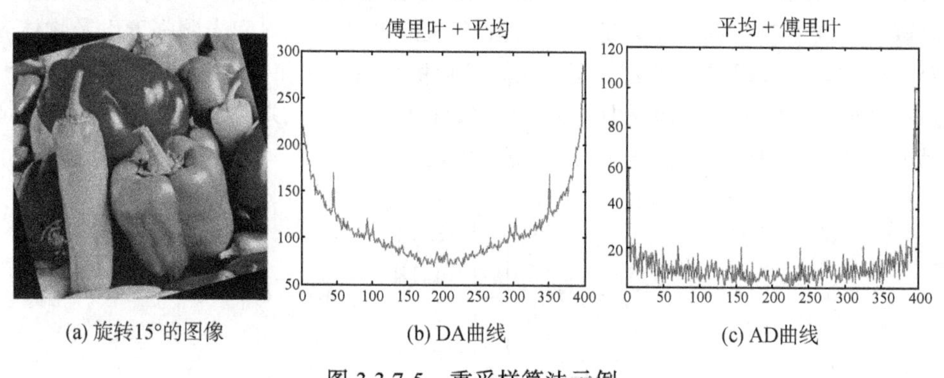

(a) 旋转15°的图像　(b) DA曲线　(c) AD曲线

图 3.3.7-5　重采样算法示例

因为基于导数周期性的检测算法基于对原始信号的统计分布假设，因此检测需要的数据量大。在选取检测区域时，需要选择面积较大的区域。因为算法假设原始信号满足正态分布，所以对于纹理信息较为繁杂的不符合此假设的情况，算法表现较差，这也是基于重采样的算法的共同缺点。

需要指出的是，具有数码变焦功能的数码相机利用数码变焦得到的图像已经经过全局重采样，也会检测到重采样的痕迹，在某些场合下也允许对图像的尺寸进行调整，因此，全局重采样只能作为篡改的辅助判断依据，同时需要考虑篡改检测的场合和图像是否经过数码变焦等问题。此外，JPEG 压缩会造成和插值类似的周期性现象，已有的这些方法不能区分重采样造成的周期性和 JPEG 压缩造成周期性，因此，对于 JPEG 图像的检测需要综合考虑，判断周期性是由 JPEG 还是由重采样造成。

3.3.8　光照一致性检测

同一幅自然图像应该是在相同的光照条件下成像，如果对图像对象进行增、删等篡改操作，往往会破坏自然图像的光照一致性，并且图像篡改很难把光照效果和定向的光源相匹配，因此可以根据图像场景中光源方向的不一致性对数字图像进行盲鉴别。在无穷远光源下，比如现实场景中的太阳，具有漫反射特性的材质在其表面形成的亮度符合朗伯(Lambert)反射模型，因此可以根据图像的测量强度和计算强度间的误差函数及无限远光源下的约束函数来计算图像的光源方向，进而根据光源方向是否一致来判断图像是否被篡改。

下面介绍光照方向估计算法的原理。Lambert 模型下，一个点的光照强度等于环境光强度、漫反射光强度和镜面反射光强度的和。在漫反射表面的假设下，一个凸物体表面上一点的光照强度 I 就等于环境亮度 A 和漫反射亮度 R 的和，也就是

$$I(x,y) = R(\boldsymbol{N}(x,y)\cdot \boldsymbol{L}) + A$$

其中，环境亮度是环境光照强度和物体表面环境光反射率的乘积，反射亮度可以通过该点法线方向 $\boldsymbol{N}$ 和光照向量 $\boldsymbol{L}$ 的点积 ($\boldsymbol{L}$ 是单位光照方向和光照强度以及物体表面漫反射率的乘积)求出。在这里，我们将乘积结果的 A 和 $\boldsymbol{L}$ 作为光照参数来估计，而不是将光照强度和表面反射率分开估计。在已知某些点光照强度和法线方向的情况下，就可以通过优化方法来得到光照参数。

$$E(\boldsymbol{L},A) = \left\| M\begin{pmatrix} L_x \\ L_y \\ L_z \\ A \end{pmatrix} - \begin{pmatrix} I(\boldsymbol{x}_1) \\ I(\boldsymbol{x}_2) \\ \vdots \\ I(\boldsymbol{x}_p) \end{pmatrix} \right\|^2 = \| M\boldsymbol{v} - \boldsymbol{b} \|^2$$

其中，$\boldsymbol{v}$ 是光照方向和环境光照强度组成的光照参数向量，$\boldsymbol{b}$ 是每一点光照强度组成的列向量，M 是对应点的法线方向 N_x、N_y、N_z 和 1 构成的齐次矩阵

$$M = \begin{pmatrix} N_x(\boldsymbol{x}_1) & N_y(\boldsymbol{x}_1) & N_z(\boldsymbol{x}_1) & 1 \\ N_x(\boldsymbol{x}_2) & N_y(\boldsymbol{x}_2) & N_z(\boldsymbol{x}_2) & 1 \\ \vdots & \vdots & \vdots & \vdots \\ N_x(\boldsymbol{x}_p) & N_y(\boldsymbol{x}_p) & N_z(\boldsymbol{x}_p) & 1 \end{pmatrix}$$

这样，就可以通过最小二乘优化方法，求得光照参数：

$$v=\left(M^{\mathrm{T}}M\right)^{-1}M^{\mathrm{T}}\boldsymbol{b}$$

很难获得物体上每一点精确的法线方向，但是由于物体表面遮蔽线处的法线方向和成像平面垂直，因此，我们通过物体表面遮蔽线，也就是向光边缘上的点，来估计光线在成像平面上 xy 方向上的投影。

图 3.3.8-1 给出了一个示例。图中，绿色球(上球)是通过机器猫头部遮蔽线估计出的光照方向绘制的光照渲染球，蓝色球(下球)是通过小男孩手臂遮蔽线估计出的光照方向绘制的光照渲染球。可以看出，两个光照方向有着显著差别，表示二者并不是同一个无限远光源，因此是一幅合成图像。实际上，机器猫是通过后期处理加入到原始照片中的。

图 3.3.8-1　光照方向不一致性篡改检测示例(上下两光照球分别为机器猫和中间男孩的光照方向)(后附彩图)

3.3.9　景深差异判别

1. 算法简介

成像过程中，相机镜头把三维空间景物成像在二维的成像平面上，当相机对焦准确的时候，位于对焦物平面上的点在成像平面上形成理想像点，位于对焦物平面前后的点所成的像在成像平面上呈现为一个模糊圆，模糊圆的半径对应着离焦的程度。根据已有结论可以推出，距镜头相近深度的点应该具有相近的模糊度，图像篡改破坏了深度和模糊度(blur amount)之间的对应关系，这为检测篡改提供了依据。

景深是指在摄像机镜头或其他成像器件前沿成的像所测定的被摄物体前后距离范围。理论上，在同一景深下，图像的模糊度和模糊类型是相同的，若不同，那么图像存在篡改的可能性。景深差异算法的功能是判断图像不同感兴趣区域

(ROI)的模糊类型和模糊度是否相同。算法的局限性是其效果会受到图像纹理细节内容的影响。

2. 基本原理

倒谱分析的过程是对图像进行傅里叶变换，取对数，最后经过傅里叶逆变换，就得到了倒谱。图像的倒谱定义为

$$C(I)=\mathrm{FFT}^{-1}(\log|\mathrm{FFT}(I)|)$$

图 3.3.9-1(a)为一幅实际拍摄的散焦模糊图像，图 3.3.9-1(b)是该图像的倒谱。

(a)

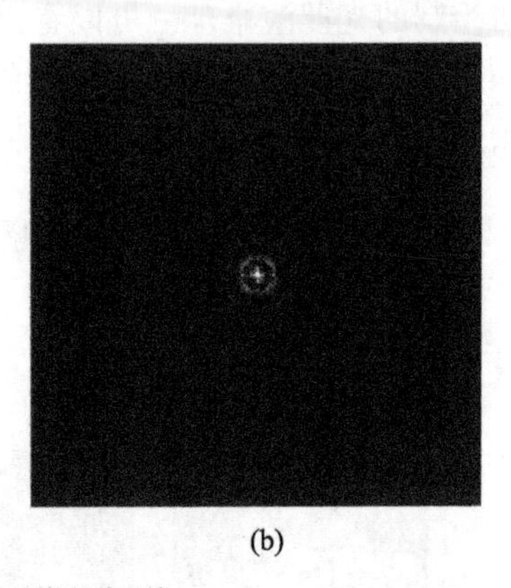

(b)

图 3.3.9-1　模糊图像的倒谱

估算图像模糊类型和模糊度依据倒谱原理，基本思想在于图像的模糊可以看成一个卷积过程，而根据卷积定理，卷积操作在傅里叶域就是点乘的关系，通过对数运算变为加法，于是图像数据和模糊核数据就能更好地分离开来。这一过程的数学描述为

$$\begin{aligned}C(I)&=\mathrm{FFT}^{-1}(\log|\mathrm{FFT}(I)|)\\&=\mathrm{FFT}^{-1}(\log|\mathrm{FFT}(L\otimes f)|)\\&=\mathrm{FFT}^{-1}(\log|\mathrm{FFT}(L)\mathrm{FFT}(f)|)\\&=\mathrm{FFT}^{-1}(\log|\mathrm{FFT}(L)|)+\mathrm{FFT}^{-1}(\log|\mathrm{FFT}(f)|)\\&=C(L)+C(f)\end{aligned}$$

根据上述分析结果，模糊图像的倒谱就是清晰图像的倒谱加上模糊核的倒谱。如果模糊核在倒谱域有比较明显的特征，那么在模糊图像的倒谱域同样可以观察到这种现象，所以可以利用图像的倒谱域来辨别图像的模糊类型。

利用倒谱原理设计景深差异算法的框架图如图 3.3.9-2 所示。其模块流程简要介绍如下：①对图像进行 FFT；②求 log 对数，目的是分离出模糊核；③进行傅里

叶逆变换，得到结果即为图像倒谱。

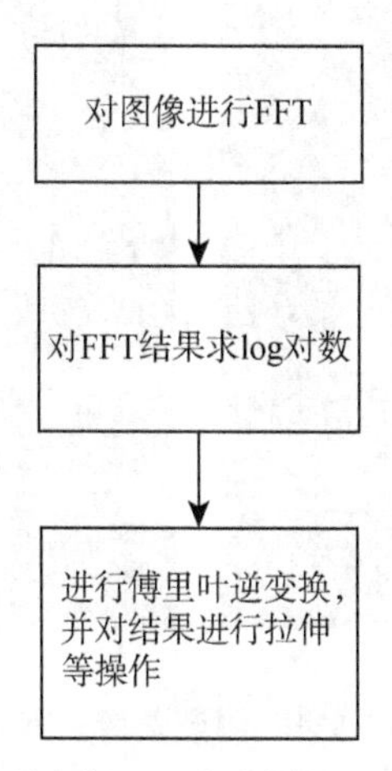

图 3.3.9-2　利用倒谱原理设计景深差异算法的框架图

3. 算法效果

以人工圆盘散焦模糊图(图 3.3.9-3，模糊核半径分别为 2 像素、3 像素、4 像素、5 像素、6 像素、7 像素、8 像素、9 像素，分别对应 K2~K9)为例进行测试。测试结果表明，当模糊核半径大于 3 像素时，倒谱图就会出现预期的圆环。

图 3.3.9-3　不同模糊度的图像

输出的倒谱图像如图 3.3.9-4(a)所示，可以看出圆环不是很明显。图 3.3.9-4(b)显示了进一步进行边缘(倒谱) (edge(cepstrum))处理后，虽然会出现很多干扰颗粒，但圆环变得很明显。

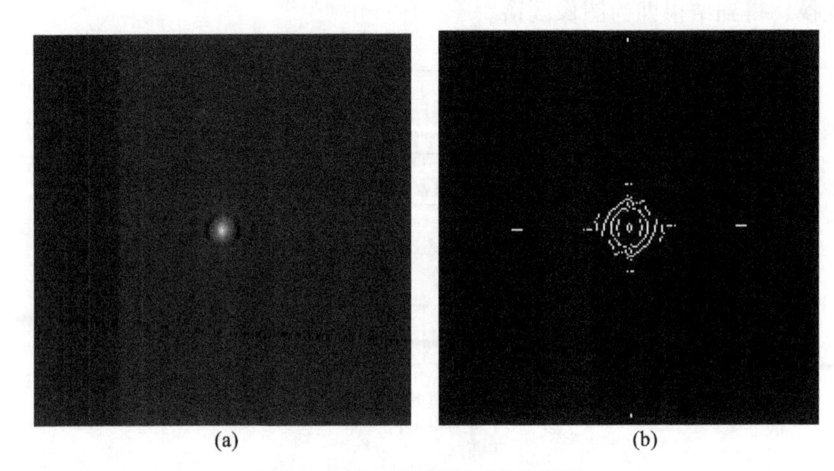

(a)　　(b)

图 3.3.9-4　倒谱图像及其增强

以一个实际图像为例，算法输出的效果图如图 3.3.9-5 所示。从图中可以看出，三块不同区域输出的图像倒谱特征各不相同，表明了它们之间存在景深差异。

图 3.3.9-5　模糊核应用示例 1(后附彩图)

更多的应用示例见图 3.3.9-6 和图 3.3.9-7。选择同景深的 3 个 ROI，分别计算模糊核，A 与 C 的模糊核相同，B 的模糊核与 A、C 明显不同。因此，同景深物体的模糊类型和模糊核大小不同，图像存在篡改的可能。

图 3.3.9-6　模糊核应用示例 2 (后附彩图)

图 3.3.9-7　模糊核应用示例 3 (后附彩图)

3.3.10　边缘模型检测

1. 算法简介

在图像篡改过程中，为了使得篡改部分和背景图像更好地融合，篡改者经常对篡改部分的边缘进行人工模糊操作。篡改带来的另外一个后果是篡改内容和原始内容的成像条件绝大多数情况是不一致的。这些因素破坏了景深和模糊度之间的对应关系，因此，景深和模糊程度之间的对应关系可以作为检测篡改的依据。

在具有高频信息的位置，模糊程度容易被稳健地度量，边缘模型检测算法对图像边缘信息进行建模，估算图像边缘的模糊程度，若图像景深相同的不同区域模糊程度不同，则图像存在被篡改的可能性。深度相近在视觉上是容易判定的，但不容易实现自动判别，因此，算法选择“用户驱动”的模式，即手动选择待检测的含有较清晰边缘的图像块。因为不考虑离焦模糊之外的其他模糊因素，因此，在选择景深相近的图像块时，需要避开影响模糊度的场景内容结构，例如，衣服的褶皱和阴影遮蔽等，尽量选择含有方向一致的平直边缘的图像块。除此之外，图像块的选择还与成像时的垂轴放大率相关，选择图像块时应选取垂轴放大率较小的物体中的块。综上所述，图像块的选择策略是选择垂轴放大率较小的物体形成的具有较平直边缘的深度相近的图像块。图像块的选择效果取决于用户的专业水平，如果选择了不适当的图像块，会导致错误的图像鉴别结果。

算法的基本思路是，找出边缘部分的二阶高斯零点和峰值点，计算零点两侧两个峰值点之间的距离，即为模糊度，如图 3.3.10-1 所示。

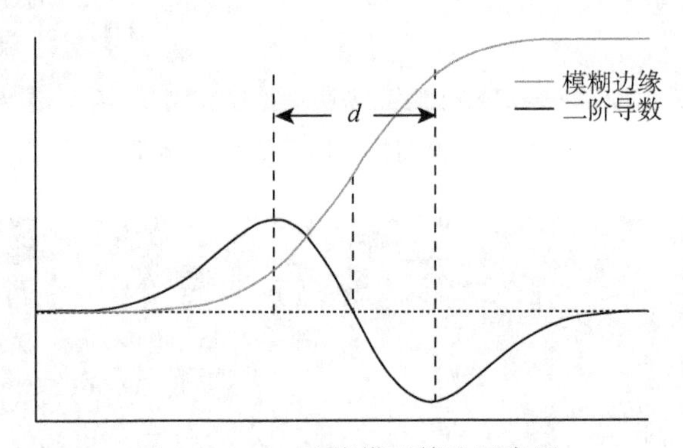

图 3.3.10-1　边缘模型算法示意图

2. 基本原理

假设一个像素的显著性水平(significance level)是 α_p，则这个像素其实是噪声却被误判为边缘的概率是 α_p，判断正确的概率是 $1-\alpha_i$。假设一幅图像 i 有 n 个像素，那么整幅图像 $\alpha_i = 1-\left(1-\alpha_p\right)^n$；反过来也就是 $\alpha_p = 1-\left(1-\alpha_i\right)^{1/n}$。若给出一幅图像的整体显著性水平 α_i，那么就可以求单个像素的置信水平 $\alpha_p = 1-\left(1-\alpha_i\right)^{1/n}$。假设像素被误判为边缘的因素只与噪声相关，$p(v)$ 是噪声与梯度(也就是边缘)响应函数的概率密度函数，那么有如下关系：

$$\int_{c_1}^{+\infty} p(v)\mathrm{d}v = \alpha_p$$

假设响应函数服从半高斯分布(half-Gaussian distribution)，那么可以用一组不同尺度下的高斯函数来为响应函数建模。实际计算中会输入概率 α_p、高斯模型的尺度(遍历各个尺度下的高斯函数)、图像灰度值和图像整体噪声方差，那么就可以计算出临界值 c_1 (the minimum reliable scale)，输出大于 c_1 的像素作为有效像素。

算法框架如图 3.3.10-2 所示。每个模块流程简要介绍如下：①计算二阶高斯导数，用不同尺度下的高斯函数为边缘建模；②寻找二阶导数 0 值点，实际操作中用 Canny 算子后的 0 值点代替；③寻找极值，在正方向和负方向上寻找极值。

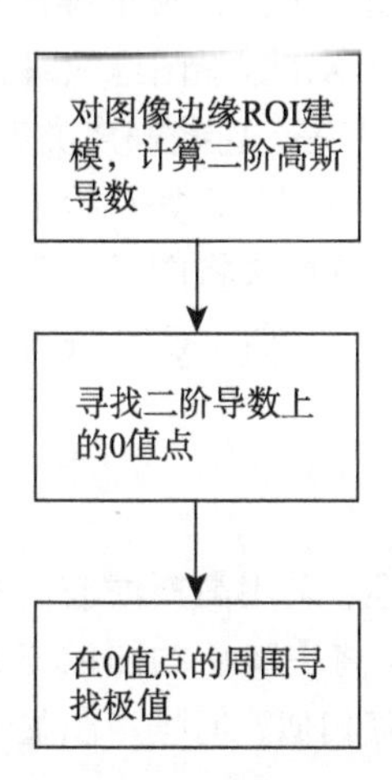

图 3.3.10-2　边缘模糊度计算方法

3. 算法效果

在软件应用中，用横线来表示模糊度，宽度和横坐标位置代表不同的模糊度，高度不再具有意义，只是为了视觉上的交错。

如图 3.3.10-3 所示，每个 ROI 输出一条横线，绿色和蓝色对应的 ROI 模糊度相同，粉色和红色对应的 ROI 模糊度相同，而它们之间的模糊度不同，因此可判断两组 ROI 所属的人物中有一个是可疑的。

图 3.3.10-3　篡改图像的边缘模糊度计算结果(后附彩图)

3.3.11　噪声一致性检测

1. 算法简介

噪声一致性检测算法根据图像不同区域的噪声差异性检测是否存在篡改。图像内部噪声的产生有许多方面的因素，除了图像纹理，还有相机成像过程中产生的随机噪声、PRNU 噪声、暗电流噪声等，这些噪声类型中，有一部分存在整图一致性。图像篡改会使图像的噪声分布发生变化，如果提取图像噪声，结合人工判断，有可能判断出图像内部的篡改区域。该算法将图像噪声提取出来，根据检测出的图像噪声区域判断整幅图像内部的噪声一致性。该算法的局限性是算法效果严重受图像内容的影响。

2. 基本原理

噪声一致性检测算法的原理：采用高斯滤波、中值滤波和维纳自适应滤波等空间域去噪方法对原图进行去噪，将去噪后的图像与原图作差，即可得到该图像的噪声图。如果图像内两个 ROI 内容相似，但噪声图显示噪声不一致，那么存在篡改的可能性。

(1) 高斯滤波。高斯滤波是一种线性平滑滤波，适用于滤除高斯白噪声，已广泛应用于图像处理的预处理阶段。对图像进行高斯滤波就是对图像中每个点的像素值进行计算，计算准则是，由该点本身灰度值及其邻域内的其他像素灰度值加权平均所得，而加权平均的权系数由二维离散高斯函数采样并归一化所得。

(2) 中值滤波。中值滤波是一种非线性平滑技术，它将每一像素点的灰度值设置为该点某邻域窗口内的所有像素点灰度值的中值。其实现过程为：①通过从图像中的某个采样窗口取出奇数个数据进行排序；②用排序后的中值作为当前像素点的灰度值。在图像处理中，中值滤波常用来保护边缘信息，是经典的平滑噪声的方法。

(3) BM3D(block-matching and 3D filtering)算法。BM3D 算法先通过块匹配生成三维矩阵，然后在三维变换域去噪，最后逆变换还原图片。首先把图像分成一定大小的块，根据图像块之间的相似性，把具有相似结构的二维图像块组合在一起形成三维数组；然后用联合滤波的方法对这些三维数组进行处理；最后通过逆变换，把处理后的结果返回到原图像中，从而得到去噪后的图像。

(4) 双边滤波。双边滤波是一种非线性的滤波方法。结合图像的空间邻近度和像素值相似度，同时考虑空域信息和灰度相似性，进行折中处理，以达到保边去噪的目的。双边滤波器可以较好地保留图像边缘，用维纳滤波或者高斯滤波降噪会较明显地模糊边缘，对于高频细节保护效果不好。双边滤波器在处理图像时，离边缘较远的像素不会太多地影响到边缘上的像素值，从而保证了边缘附近像素值的保存。但由于保存了过多的高频信息，对于彩色图像中的高频噪声，双边滤波器不能够将其干净地滤掉，只能够对低频信息进行较好的滤波。

利用噪声一致性检测图像篡改的实现过程为：①对图像进行灰度化处理；②对灰度图进行去噪处理，可采用中值滤波去噪、BM3D 去噪等方法；③输出噪声图，其中噪声图为去噪图与原图的差值，即噪声图=去噪图－原图(NoiseImg = DeNoiseImg−Img)；④分析噪声图，判断篡改区域是否存在。

3. 算法效果

算法模块输出的效果图(噪声图)如图 3.3.11-1 所示，图中散点为图像噪声点。

图 3.3.11-1　噪声图(后附彩图)

软件应用如图 3.3.11-2 所示，通过分析感兴趣的图像区域的噪声水平，可以判断图像被篡改的可能性。

图 3.3.11-2　对一幅图像进行噪声一致性分析的结果(后附彩图)

以图 3.3.11-3 为例，说明如何通过噪声一致性判断图像是否被篡改。分别对比图中两组区域，一是人像头部区域，可以看出两个区域噪声分布特征存在较大差异，我们可以判定其中一个存在篡改行为；二是人物衣服边缘区域，两块区域噪声分布特征基本一致，可认为该部分图像具有一致性。

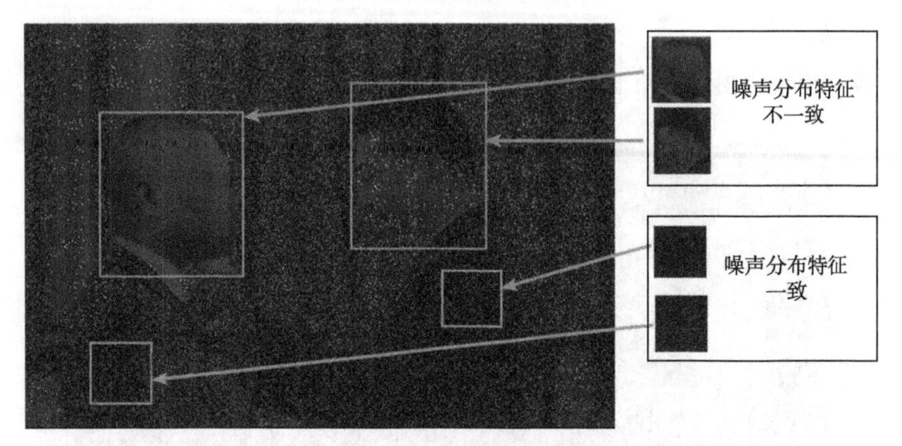

图 3.3.11-3　噪声分布一致与不一致(后附彩图)

因此，通过对比噪声分布图中两个人脸区域，可以发现，在颜色接近的人脸及头发区域内，具有不同的噪声水平，而衣服处噪声分布较为一致，可以认定该图像中两个人脸区域不是一次拍摄完成的，具有拼接篡改的可能。

注意事项：原图是否压缩、对图像的缩放和保存时选择的 JPEG 压缩质量因子会对噪声有一定的影响，对一幅图像采用单一方法处理，对噪声一致性的处理结果影响不大；但在一幅图像中多种降质因素同时存在，会影响噪声一致性检测的效果。

3.3.12　透视关系检测

艺术家和工程师在纸上表现立体图时，常用一种透视法，这种方法源于人们的视觉经验：大小相同的物体，离你较近的看起来比离你较远的大；凡是平行的直线都消失于无穷远处的同一个点；消失于视平线上的点的直线都是水平直线。在相机成像过程中也是如此，我们可以利用图像中的透视关系对图像是否经过篡改进行检测。

在介绍如何利用透视关系进行篡改检测之前，需要明确几个概念(图 3.3.12-1)：

(1) 视点：指的就是照相机的位置。

(2) 视高：视点相对于地面的高度。

(3) 视平面和视平线：视点所在的水平面称为视平面；因为与眼睛相平，视平面在画面中呈现为一条水平线，即视平线。

(4) 灭点：现实中平行的线在图像中的延长线相交于一点，这个点就是图像中的灭点。

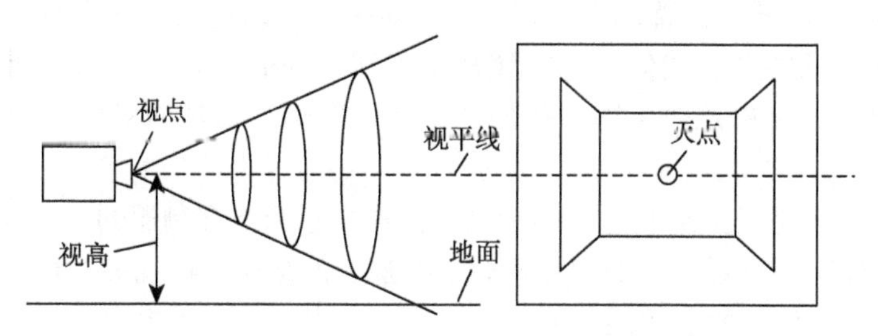

图 3.3.12-1　视点、视高、地面、视平线和灭点

关于视平线和视高，存在以下几个特点：

(1) 在实际位置中高度等于视高的物体，无论远近，其上边缘在画面中始终与视平线相平齐。

(2) 在实际位置中高度高于或者低于视高的物体，无论远近，其上边缘在画面中始终高于或者低于视平线。

我们可以利用视平线和视高的上述特点对照片是否存在篡改进行鉴定。假设一张水平拍摄的相片中不同景深下站立着三个人，如图 3.3.12-2 所示，其中人物 A 离镜头最近，照片的视平线位于其头部下沿，人物 B 离镜头最远，视平线位于其胸部位置，人物 C 距离相机居中，视平线位于其头部中间。根据图像中人物 A、B、C 与视平线的相对位置关系可以知道，人物 B 的身高最高，人物 A 的身高最低，人物 C 的身高居中。如果实际情况下，人物 A、B、C 的身高与上述结论不符，则可以断定该照片存在篡改的嫌疑。

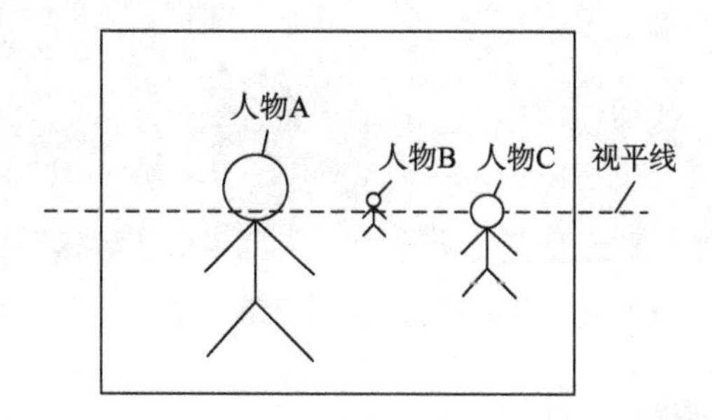

图 3.3.12-2　一张照片中不同高度的人与视平线的关系

我们也可以利用灭点对图像是否存在篡改进行鉴定。在透视关系中，任何与成像平面平行的面在画面中都保持原有形状，只有大小会发生变化，其中的任何一组平行线都将在画面中继续保持平行，平行于水平线的线将继续保持水平，而垂直于水平线的直线将保持垂直。相反，任何不与成像平面平行的面在画面中都

将发生透视变形，其中的任何一组平行线都将在画面内或者画面外的某一点会聚，形成所谓的“灭点”，也就是说，灭点是画面中一系列现实中的平行线延长线的交点。利用灭点的特性，我们可以将照片中不同景深的物体映射到相同景深，在相同景深情况下，可以比较不同物体的高度尺寸等信息，从而对照片中是否存在篡改进行判定。

图 3.3.12-3 是一个篡改鉴定的示例，图像中近景上穿制服的女子是后期 PS 上去的。从整体上很难看出图像存在篡改的痕迹，但是通过透视关系检测，则可以发现问题。首先，使用绘制线段功能，标记出图像中在现实世界中平行的线，也就是图中的黄色实线。然后，利用计算消失点功能，计算出图像中的消失点(灭点，即黄色圆圈所在位置)。最后，根据远处穿红色上衣的人的头顶和脚的位置，添加两条辅助线(红色虚线)，由透视原理可以知道，图像中穿红色上衣的人在图像中的不同景深下呈现的高度可以由两条红色辅助线确定，这样就可以比较图像中近景女子与穿红色上衣的人在相同景深下的高度。通过比较得知，近景女子身高远超过穿红色上衣的男子，根据女子的实际身高，我们就可以判断图像是否存在篡改。

图 3.3.12-3　利用透视关系进行篡改鉴定(后附彩图)

3.3.13　ELAMAP 检测

1. 算法简介

ELA(error level analysis)算法可以针对 JPEG 图像文件检测是否存在异图拷贝粘贴篡改。对图像进行两次 JPEG 压缩，如果第一次和第二次的压缩程度相近，则信息丢失少，因而两次压缩得到的图像差异小，反之，压缩程度差异越大，信息丢失越多，两次压缩得到的图像差异越大。在对图像进行篡改时，往往背景区域和篡改区域的压缩程度并不相同，或者其所使用的压缩栅格不相同，如果对篡改图像再次进行 JPEG 压缩，则压缩后图像与篡改图像的差异在篡改区域和背景区域可能会有所不同，可凭此分析辨别图像是否存在篡改。例如，对篡改图像再次进行 JPEG 压缩时，若选择与背景区域压缩质量因子接近的压缩质量因子，则背景区域在差异图中较暗，而篡改区域有可能会变亮。差异程度可以通过不同级别的亮度可视化展现，亮度越相近，差异越小。

2. 基本原理

ELA 算法原理是，用各种可能的压缩质量因子对待检测图像进行再次 JPEG 压缩，待检测图像减去再次 JPEG 压缩操作结果得到差异图像。算法的输出差值图与压缩质量因子有关。用数学表达式表示为

$$d\left(x,y,q\right)=\frac{1}{3}\sum_{i=1}^{3}\left[f\left(x,y,i\right)-f_q\left(x,y,i\right)\right]^2$$

其中，$f(x,y,i)$ $(i=1,2,3)$表示 RGB 三种颜色值，$f_q(x,y,q)$ 表示压缩质量因子为 q 时的压缩结果。

图 3.3.13-1 显示了不同 JPEG 压缩质量因子下 ELA 算法输出的差异图。图中第一行左侧为原图，右侧为篡改后的图像。下面五行图像为对篡改图执行不同压缩质量因子 ELA 算法的输出差异图，从左到右、从上到下，压缩质量因子间隔 2，由 60 增加到 98。显然，在压缩质量因子介于 70～90 时，可以较为明显地检测出图片的篡改区域。

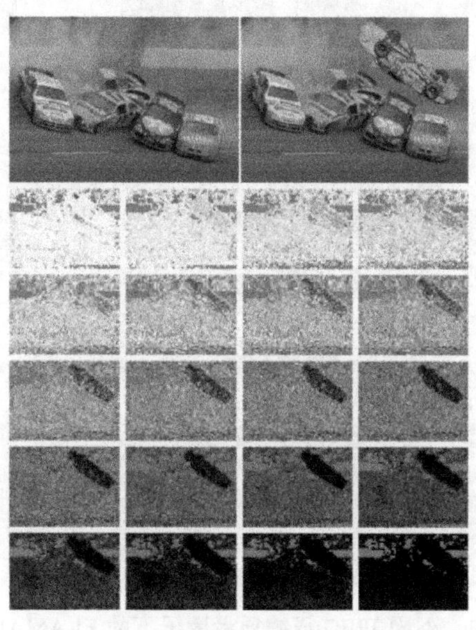

图 3.3.13-1　不同 JPEG 压缩质量因子下 ELA 算法输出的差异图

3. 算法效果

ELA 算法的功能在于选择不同的压缩质量因子进行二次 JPEG 压缩，与原图比较判断上一次压缩时的质量因子，从中突出可疑的篡改区域。图 3.3.13-2 是对图像进行 ELAMAP 检测的结果，图 3.3.13-3 是不同 JPEG 压缩质量因子下的 ELAMAP 检测结果。对输入图像选择压缩质量因子 92～100 执行 ELA 算法，注意虚线框处小孩脸部的变化，可看出在压缩质量因子为 97 时呈现明显的高亮，因此怀疑上一次压缩质量因子在 97 左右，且小孩脸部为篡改区域。

图 3.3.13-2　对图像进行 ELAMAP 检测的结果(后附彩图)

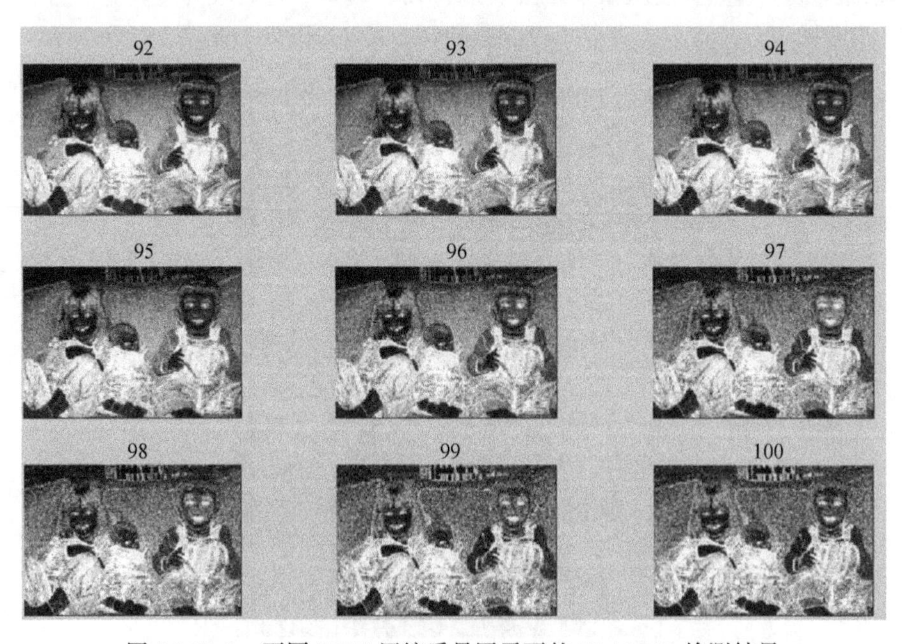

图 3.3.13-3　不同 JPEG 压缩质量因子下的 ELAMAP 检测结果

3.3.14　JPEG ghost 检测

1. 算法简介

JPEG ghost 检测算法计算图像与其不同压缩质量因子的 JPEG 压缩图像之间的差值平均值，根据平均值曲线的变化推测 JPEG 图像压缩时的压缩质量因子，并能检测图像是否存在二次压缩。

2. 基本原理

JPEG ghost 检测算法与 ELA 算法原理基本一致，不同之处在于，ELA 算法直接输出原图与再压缩图的差异图，而 JPEG ghost 检测算法输出的是在不同压缩质量因子下，原图与再压缩图的差值平均值曲线。

3. 算法效果

JPEG ghost 检测算法输出效果如图 3.3.14-1 所示。左图为原图，右图为图像与其不同压缩质量因子的 JPEG 压缩图像之间的差值平均值变化曲线。

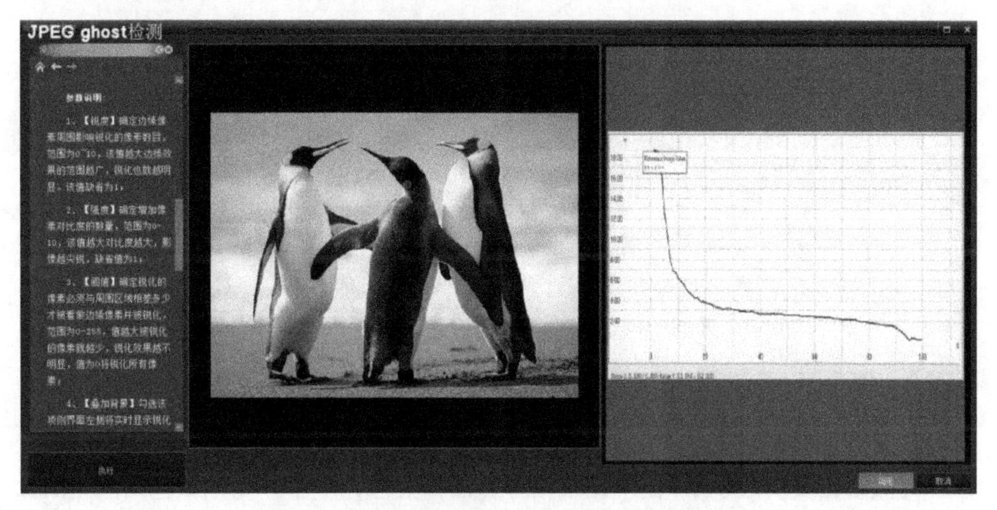

图 3.3.14-1　对图像进行 JPEG ghost 检测的结果

在实际应用中，如果平均值曲线出现局部极小值，如图 3.3.14-2 所示，大约在 95 的位置，那么表示该 JPEG 图的压缩质量因子约为 95。此外，如果差值平均值曲线有多个局部极小值，则表明该图像经过多次压缩。如图 3.3.14-3 所示，曲线在 85 和 93 处出现两次极小值，且 85 较为明显，表明图片经过两次 JPEG 压缩，第一次压缩质量因子为 93，第二次为 85。

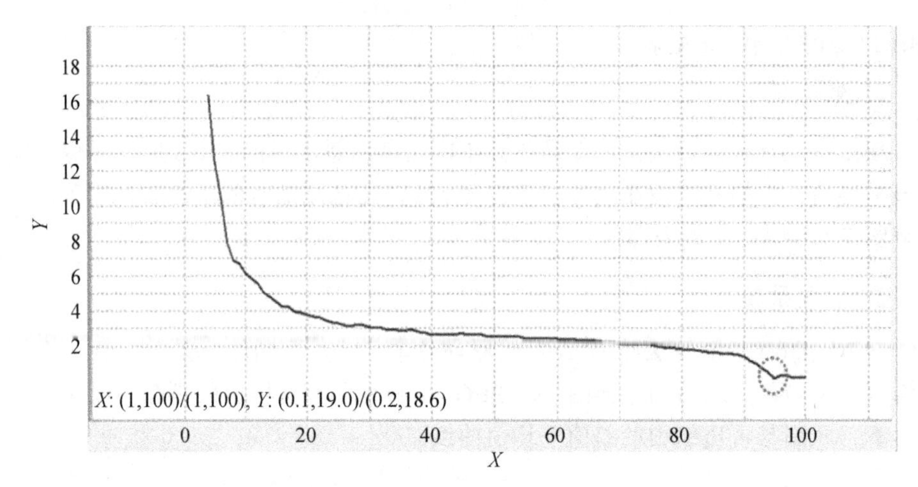

图 3.3.14-2　JPEG ghost 曲线上的局部极小值表示图像压缩质量因子的大小

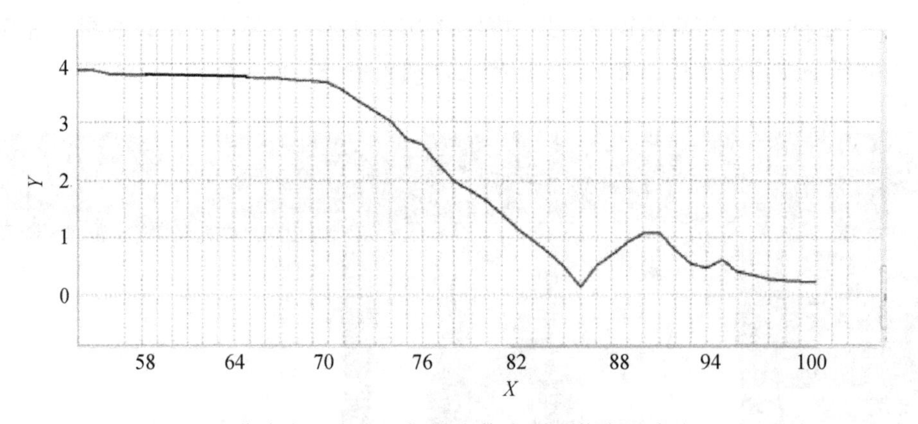

图 3.3.14-3　曲线中的多个局部极小值表明图像存在多次 JPEG 压缩

3.3.15　DCTMAP 检测

1. 算法简介

离散余弦变换(DCT)广泛应用于信号和图像处理，对信号和图像(包括静止图像和运动图像)进行有损数据压缩。在图像编码标准 JPEG、视频编码标准 MJPEG 和 MPEG 等各个标准中都使用了离散余弦变换。DCTMAP 检测算法用于检测.jpg 图像和经过 JPEG 压缩过的.bmp、.png 等类型图像是否存在篡改，并能够以一定概率定位出用复制粘贴、图像修复等方法对图像进行修改的区域。其原理是：对一幅数字图像进行 JPEG 压缩时，DCT 参数量化过程可以看成为图像生成了一个可以检测其完整性的水印，图像的局部篡改会使篡改区域 DCT 值与邻近区域不一致；因此，对 DCT 参数进行映射对比，可以发现图像 DCT 值中的异常部分，判断图像中是否存在篡改区域，并定位出篡改区域的范围。

2. 基本原理

DCT 的特点是将从前密度均匀的信息分布变换为密度不同的信息分布。在图像中，低频部分的信息量要大于高频部分的信息量，尽管低频部分的数据量比高频部分小很多。DCT 是一种源于 FFT 的变换编码，与 FFT 同时使用正弦和余弦函数来表达信号不同，DCT 只使用余弦函数来表达信号。DCT 有多个版本，一种常用的 DCT 实现过程是这样的：对一个长度为 129(0～128)的信号进行 DCT，首先复制点 127 到点 1，使整个信号变为

$$0, 1, 2, \cdots, 127, 128, 127, 126, \cdots, 2, 1$$

这串长度为 256 的时间域信号经过 FFT 后会生成一个长度为 129 的信号。因为时间域的信号对称，根据二元性，对应的频率域信号的虚数部分全部为 0。也就是说，输出长度为 129 的时间域信号经过 DCT 后，产生一个长度为 129 的频率域信号，并且频率域完全由余弦函数组成。

在二维图像处理中应用 DCT，每幅图像都会被切成 8×8 的小块，其原理与一维信号处理一致，只是一些计算公式不一样。其应用的基函数公式如下：

$$b\left[x,y\right]=\cos\left[\frac{\left(2x+1\right)u\pi}{16}\right]\cos\left[\frac{\left(2y+1\right)v\pi}{16}\right]$$

式中，x 和 y 指像素在空间域(对应一维的时间域)的坐标，u 和 v 指基函数频率域中的坐标。由于基于 8×8 的块，x、y、u、v 的取值范围都是 0～7。

在 DCT 中，这些基函数与空间域中的每个元素分别相乘，将结果累加起来，就完成空间域到频率域的初步变换。

DCTMAP 检测算法的执行过程如下：

(1) 将输入图像分解为 8×8 的块；

(2) 对每个小块作 DCT；

(3) 计算每个 8×8 块 DCT 系数非零值的平均值，输出为图像。

由于 JPEG 格式图像本身已经作过 DCT 处理，算法功能在软件的具体实现中，判断如果输入的是 JPEG 图像，可以直接输出文件流中的 DCT 值，如果输入其他格式的图像，需要对图像进行 DCT 转化才能获得 DCT 参数值。实际应用中，如果只考虑图像的亮度通道及 DCT 转化的高空间频率，DCTMAP 检测算法的分辨效果会更好。

3. 算法效果

如果图像中存在篡改，篡改区域与其他区域有不同的 DCT 频率模式。通过观察 DCTMAP 检测算法的输出图像，寻找图像中不一致的区域，可以检测图像是否有篡改。将目标移除后得到的同质区域中，这种特征更加明显。

软件中实现的DCTMAP检测算法可以用来检测图像是否存在篡改。以图3.3.15-1为例，左图为输入图像，右图为DCTMAP检测算法输出图像。观察发现，虚线框区域标注了算法输出图像的异常部分，对应左侧输入图像的虚线框部分。这种异常表明左侧原图虚线框区域图像有篡改行为存在。

图3.3.15-1　DCTMAP检测结果

3.3.16　帧间相关性矩阵检测

对视频进行帧拷贝粘贴篡改，是一种常见的视频篡改方式。如图3.3.16-1所示，将一段视频中的一部分复制到视频中的另一个位置上，覆盖原有的视频内容或者插入到视频中，可以达到在视频中覆盖内容或者添加内容的目的。这种视频的篡改方式实现起来非常简单，但是会在视频的不同位置上留下内容高度相似的两段视频。我们可以检测视频中是否存在两段高度相似的视频，来判定视频是否存在篡改。

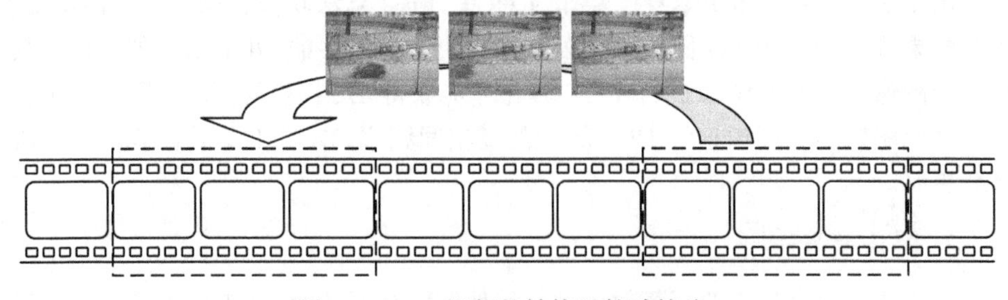

图3.3.16-1　视频的帧拷贝粘贴篡改

利用相关性矩阵检测视频帧拷贝粘贴篡改流程如图3.3.16-2所示。

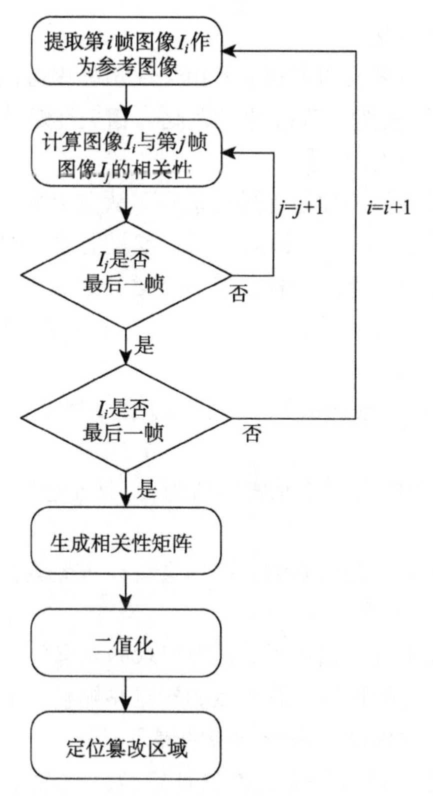

图 3.3.16-2 利用相关性矩阵检测视频帧拷贝粘贴篡改流程

相关性矩阵存储了每一帧图像与视频中其他帧图像的相似性度量，即相关性系数。通过对相关性矩阵进行二值化，可以提取视频中具有极高相似性的视频段。

相关性矩阵是一个高和宽为视频帧数的矩阵，其第 i 行、第 j 列数据存储了视频第 i 帧与第 j 帧图像之间的相关性系数。根据用户预设的阈值，可以对相关性矩阵进行二值化，二值化后可以得到仅存在 0、1 值的矩阵。根据二值化后的相关性矩阵中是否存在连续的 1 值，可以判定视频是否存在帧拷贝粘贴篡改。算法模块会读取已经在硬盘上缓存的降维后的图像数据，通过依次读取每一帧图像数据，并与其他帧图像数据进行计算，得到两帧图像数据间的相关性系数，第 i 帧与第 j 帧图像数据之间的相关性系数存储到相关性矩阵的第 i 行、第 j 列。两帧图像数据的相似性越高，其相关性系数越接近于 1，如果两帧图像数据完全一样，则其相关性系数为 1。因此，可以将相关性系数作为度量两帧图像数据之间的相似程度的数值。完成相关性矩阵中每一个元素的计算后，可以根据用户事先设定好的阈值，对相关性矩阵进行二值化。二值化后，对于具有极高相似性的两帧图像(第 i 帧和第 j 帧)，所对应的相似性矩阵中的分量值为 1；对于具有较低相似性的两帧图像，所对应的相似性矩阵中的分量值为 0。

对于存在帧拷贝粘贴篡改的视频，其相关性矩阵中会出现连续的 1 值，且 1 值呈 45°分布。由于视频可能为纯静态的，因此，相关性矩阵中会出现大片的不孤立的 1 值，需要对这种 1 值进行滤除。

算法会对二值化后的相关性矩阵进行遍历，从左上角第一行开始，向右到最后一列，然后从第二行开始，向右到最后一列，重复上述过程直至完成整个相关性矩阵的遍历。在遍历过程中，算法会检测符合下述条件的元素位置：

(1) 当前元素的值为 1，且当前元素左边第二个元素的值为 0，右边第二个元素的值为 0；

(2) 当前元素右下角元素的值为 1，且左边第二个元素的值为 0，右边第二个元素的值为 0；

(3) 当前元素右下角的右下角元素的值为 1，且左边第二个元素的值为 0，右边第二个元素的值为 0。

当检测出符合上述条件的元素时，算法会记录该元素的位置，并将该元素赋值为 0。

在完成整个相关性矩阵的遍历后，算法记录的元素位置的行和列就是对应视频中两帧图像相似程度极高的帧号，即疑似的拷贝粘贴帧。最终算法会用接口函数将这些连续的帧号返回给软件端，进行结果的展示。

帧间相关性矩阵方法可以快速并准确地定位到视频中存在的具有极高相似性的视频段，图 3.3.16-3 是使用警视通影像真伪鉴定系统的“相关性矩阵检测”方法的检测结果，用户可以对定位结果进行检查，从而对视频是否存在帧拷贝粘贴篡改进行判定。

图 3.3.16-3　相关性矩阵检测结果

3.3.17　帧间差异性检测

通常情况下，1s 的视频包含 25 帧连续的图像，连续的两帧图像之间具有极高的相关性，对于原始的未经过篡改的视频，其连续两帧图像间不会出现明显的突变，可以通过计算连续两帧图像差异的绝对值的和作为评价两帧图像间差异的系数，从而获得视频的帧间差异曲线。对于存在帧删除篡改的视频，其帧间差异曲线存在异常突变，出现异常突变的位置就是视频中存在删除帧的位置。由于视频中往往存在移动的物体或者人，当需要掩盖视频中出现的物体或者人时，可以将一段完全静止不动的视频复制多份替换视频中的一段，对于这样的视频，在得到帧间差异曲线后，可以在帧间差异曲线上看到一段异常低值。

帧间差异性检测方法流程如图 3.3.17-1 所示，通过采用连续两帧图像之间的绝对误差和作为两帧图像之间相似度的度量值，可以获取整个视频的帧间差异曲线，通过检查帧间差异曲线是否存在突变，可以快速定位到视频中图像出现突变的位置，从而实现对视频的快速检查。

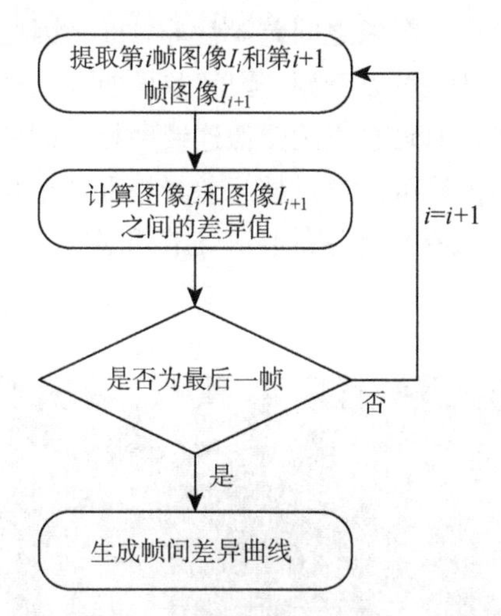

图 3.3.17-1　帧间差异性检测方法流程

图 3.3.17-2 是一段原始的、未经过篡改的视频的帧间差异曲线。可以看到，正常视频的帧间差异曲线并不是一条平滑的曲线，而是一条具有周期性峰值的曲线，这是由于视频在编码过程中存在 GOP，在一个 GOP 中，包含若干帧图像，其中第一帧为 I 帧，后面根据编码要求的不同，分布了 P 帧或者 B 帧，由于不同类型的帧编码方式的差异，当前 GOP 的最后一帧和下一个 GOP 的第一帧之间存在由编码造成的差异，这种差异虽然在图像上很难看到，但是仍然可以体现在帧间差异曲线上。

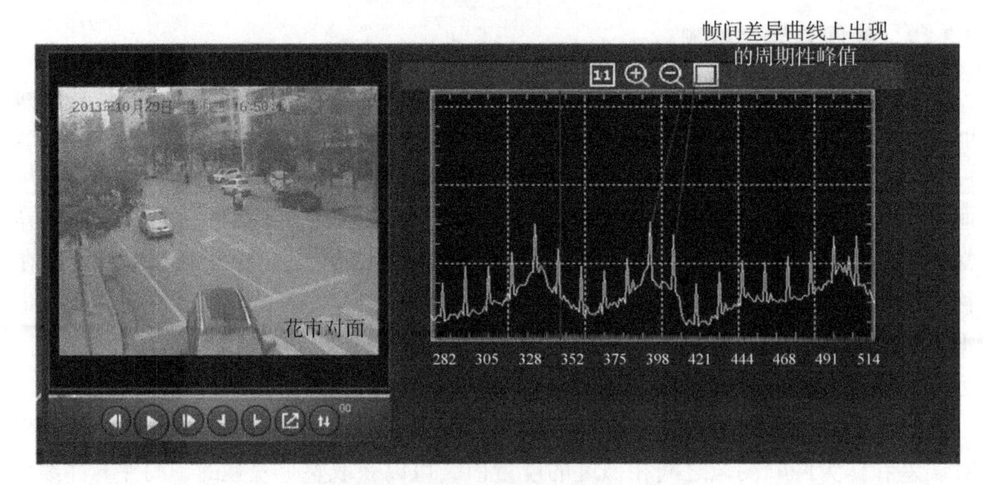

图 3.3.17-2　正常视频的帧间差异曲线

图 3.3.17-3 是对一个篡改视频进行检测的结果，该案例是一段视频，视频中有一段静止的图像，由于静止的图像之间差异性非常小，因此在得到的帧间差异曲线上可以看到一段异常的低值。可以看到，帧间差异曲线上也存在由视频编码造成的周期性峰值，但是，由视频编码造成的图像连续两帧之间的差异，要小于对视频篡改造成的差异。所以我们仍然可以通过帧间差异性曲线中出现异常低值的位置，定位对应的视频，实现对视频篡改区域的快速定位和检索。

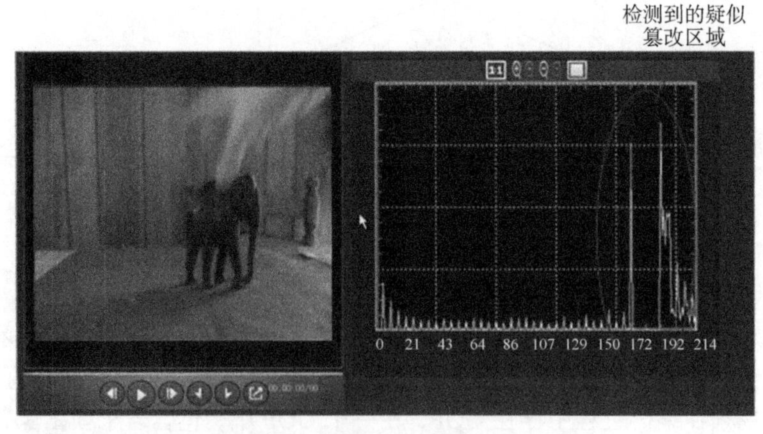

图 3.3.17-3　帧间差异性检测结果

3.3.18　时间标签连续性检测

监控设备都会在采集到的监控视频上打上时间标签，图 3.3.18-1 中框内就是监控视频中的时间标签，时间标签是否连续可以作为视频是否被篡改的关键指标。

图 3.3.18-1　监控视频中的时间标签

由于监控厂家数量众多，各个监控厂家在自家设备上打入的时间标签都各不相同，从图 3.3.18-2 中可以看到，时间标签一般包含视频拍摄的年、月、日、星期、时、分、秒等内容。不同时间标签所采用的字体也不尽相同，比较常见的字体有仿宋和黑体。时间标签通常情况下是黑色或者白色的，但也有其他颜色的，如绿色和红色。为了让时间标签更加醒目，时间标签中的每一个字符会随字符所在位置的图像背景的颜色而改变，这就造成了同一个时间标签内出现不同颜色数字的现象。

图 3.3.18-2　时间标签的差异(后附彩图)

时间标签在格式上也是多种多样的，有的时间标签采用年、月、日的顺序显示日期，有的按照日、月、年的顺序显示日期，有的包含星期，有的不包含星期。时间标签格式、字体和颜色的差异，给时间标签的识别带来了很大的难度。在一个视频中，时间标签的位置并不会发生变化，因此，我们可以通过识别时间标签中秒数的变化来统计视频每一秒所包含的帧数，通过帧数是否稳定来判定是否存在删除帧篡改。

时间标签连续性检测方法流程如图 3.3.18-3 所示。时间标签连续性检测方法会根据用户输入的时间标签的位置，统计时间标签中秒数的变化，连续两次变化之间的帧数即为当前秒的帧数，将全部视频中所有的帧数统计完成后形成一条曲线，即视频的帧率曲线。求帧率曲线的均值，并将帧率曲线中的每一个数值与均值进行比较，如果差异超过一定范围，则判定为帧率异常，并在曲线上用红色小方块标记。

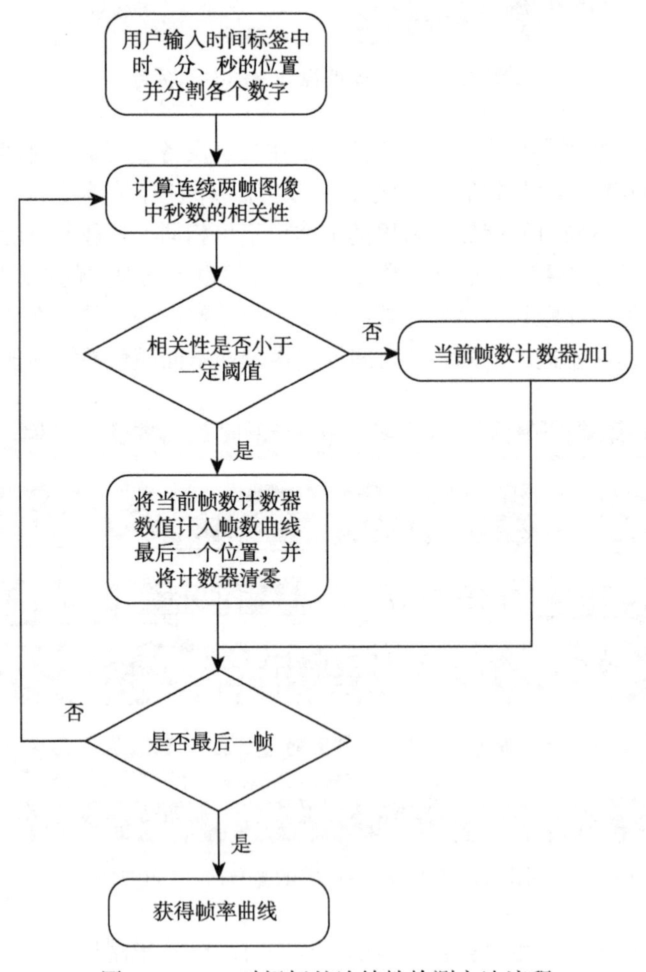

图 3.3.18-3　时间标签连续性检测方法流程

用户首先需要用长方形标记时间标签的位置，然后用竖线将时间标签中的数字分割开来。算法会获取长方形和竖线的位置信息，根据位置信息，将当前帧图像中数字标签的最后一位秒数位置的图像转换成灰度图像，将这部分图像看成一个矩阵 A。然后算法读入下一帧图像，并将时间标签中最后一位秒数位置的图像转换成灰度图像，将这部分图像看成矩阵 B。计算矩阵 A 与 B 之间的相关系数，作为度量两者之间相似性的数值。相关系数越接近 1，则表明 A 与 B 之间的相似性越高。当 A 与 B 的相关系数大于一定阈值时，判定连续两帧图像时间标签秒数未发生变化，此时将算法中的帧数计数器加 1；当 A 与 B 的相关系数小于一定阈值时，判定连续两帧图像时间标签秒数发生变化，此时将当前帧数计数器的数值添加到帧率曲线最后一个位置上，然后将帧数计数器清零，重复上述步骤，直到分析完整个视频。

通过上述过程，可以获得视频的帧率曲线。对于原始的、未经过篡改的视频，其帧率曲线不会出现较大的波动，如图 3.3.18-4 所示。由于监控设备在采集视频的过程中，无法做到每一秒都准确地采集到固定帧数的图像，因此，在视频的帧率曲线上出现小的波动属于正常现象。通常情况下，这种小波动会在视频的平均帧率±(1～2)的范围内。在获得视频的帧率曲线后，需要对帧率曲线中异常的区域进行标记。首先，求视频帧率曲线的均值，并将帧率曲线上每秒的帧率与均值进行比较，如果差异大于一定阈值，则判定帧率曲线该时刻的帧率存在异常，记录异常的位置，用红色的小方块在异常位置上进行标记。

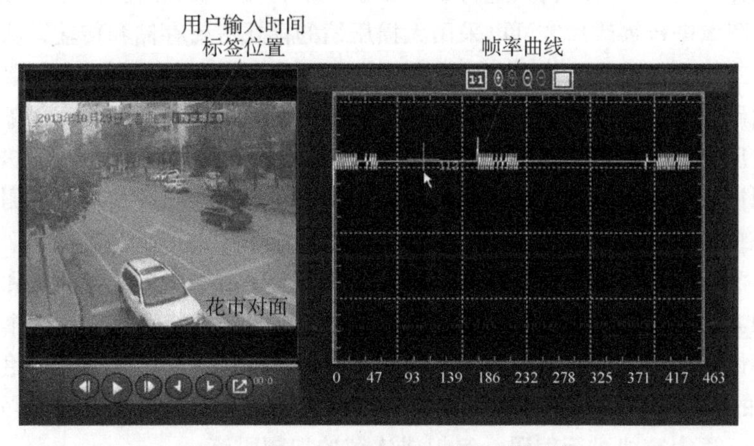

图 3.3.18-4　时间标签连续性检测结果

3.3.19　宏块数量检测

在视频编码序列中，主要有三种编码帧：I 帧、P 帧、B 帧，如图 3.3.19-1 所示。I 帧即帧内编码图像(intra-coded picture) 帧，不参考其他图像帧，只利用本帧的信息进行编码。P 帧即预测编码图像(predictive-coded picture)帧，利用之前的 I 帧或 P

帧，采用运动预测的方式进行帧间预测编码。B 帧即双向预测编码图像(bidirectionally predicted picture)帧，提供最高的压缩比，它既需要之前的图像帧(I 帧或 P 帧)，也需要后来的图像帧(P 帧)，采用运动预测的方式进行帧间双向预测编码。在视频编码序列中，GOP 即图像组，指两个 I 帧之间的距离，参考周期指两个 P 帧之间的距离。一个 I 帧所占用的字节数大于一个 P 帧，一个 P 帧所占用的字节数大于一个 B 帧。

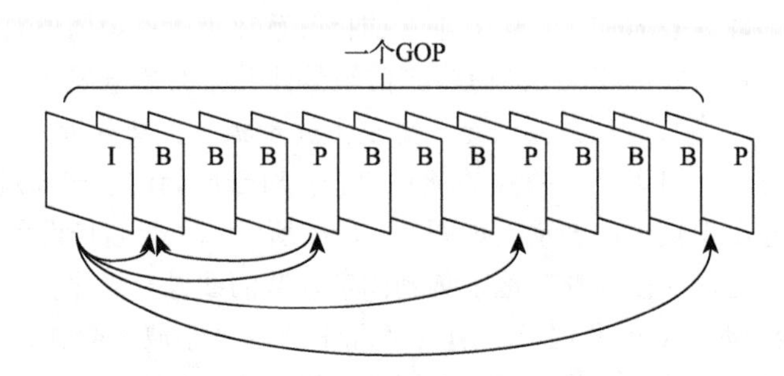

图 3.3.19-1　GOP 的结构及预测编码方式

如果不对视频进行编码压缩，视频的存储量巨大，因此，在对视频进行篡改时，通常会经过如下过程：首先对原始视频进行解码获得视频的每一帧，然后对视频进行篡改操作，最后需要对视频进行重新编码压缩存储。视频的篡改与图像的篡改不同，对于图像进行篡改后，可以采用无损压缩的模式进行存储和传输，从而避免对图像进行二次压缩编码，而对视频进行篡改后，为了节省数据空间，需要对视频进行压缩编码存储，也就是说，对视频的篡改不可避免地存在至少两次压缩编码，其中第一次压缩编码在视频生成时进行，第二次压缩编码在对视频篡改后进行。我们可以利用视频的编码信息，对视频是否存在多次压缩编码进行检测。检测主要利用了视频压缩编码中的宏块信息，宏块是视频编码技术中的一个基本概念。在视频编码中，一个编码图像通常划分成若干宏块，一个宏块由一个亮度像素块和附加的两个色度像素块组成。一般来说，亮度块为 16×16 大小的像素块，而两个色度像素块的大小依据其图像的采样格式而定，例如，对于 YUV420 采样图像，色度块为 8×8 大小的像素块。每个图像中，若干宏块被排列成片的形式，视频编码算法以宏块为单位，逐个宏块进行编码，组织成连续的视频码流。

在对视频进行删除帧和插入帧篡改后，进行视频的第二次编码过程中，会改变帧原来的类型，如图 3.3.19-2 所示。这种变化会对编码过程中的宏块数量产生影响。以原来为 I 帧被重新编码为 B 帧为例，I 帧主要为帧内预测编码，因此所生成的宏块主要是 I 宏块，I 宏块的编码不需要利用其他帧的信息，当 I 帧被第二次编码为 B 帧时，由于当前 I 帧与其预测帧相关性较低，因此该 B 帧内很多宏块无法利用帧间预测进行编码，只能继续使用帧内预测编码，导致在完成第二次编码后，原来的 I 帧被编码为 P 帧后，其帧内预测宏块数量依旧很高。这在宏块数量曲线上会体现出异常的周期性峰值。

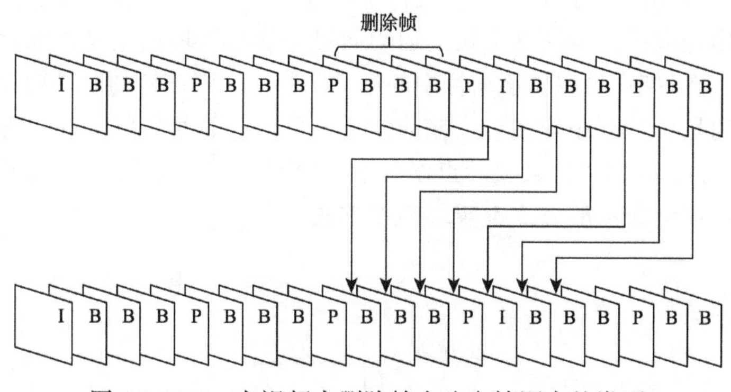

图 3.3.19-2　在视频中删除帧会改变帧原来的类型

当视频在进行二次压缩，改变了原有帧的类型时，我们可以利用宏块数量来分析视频是否存在二次编码，有些时候，我们还可以根据宏块数量曲线上出现异常的位置分析和定位视频中出现删除帧的位置。图 3.3.19-3 是一段经过帧拷贝粘贴的视频所生成的宏块数量曲线。在该视频中，篡改者将后面一段视频帧通过拷贝粘贴的方式移动到了视频的前一段，在宏块数量曲线的前半段可以看到明显的异常。这就是在视频的二次编码过程中，帧类型改变，造成宏块数量异常。

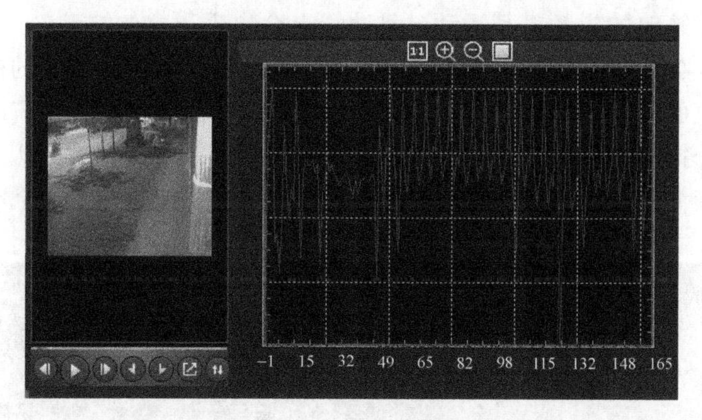

图 3.3.19-3　篡改视频及其宏块数量曲线(后附彩图)

3.3.20　帧间运动向量检测

对于原始的、未经过篡改的视频，视频中物体的运动应当是连续的，也就是说，视频中物体或者人的运动不会出现跳变。基于这一特性，我们可以计算连续两帧图像中物体的运动情况，从而获得视频的运动向量曲线，根据运动向量曲线中是否出现异常值，判定视频是否存在篡改。

运动向量是指连续两帧图像中运动的物体沿图像水平和垂直方向上的运动的像素个数。运动向量的计算可以采用多种方法，其中一种方法可以是，首先将图像分成 8×8 大小的互相不重叠的小块，然后计算每一个块在下一帧图像上的位置，最后将两个位置作差就可以得到这个块的运动向量。如果该块内是静止的背景，则该块的运动向量为 0；如果该块位于图像中的运动物体上，则该块的运动向量就是图像中物体的运动向量。计算小块在下一帧的位置，可以计算小块附近邻域内每一个位置与小块的相关性，取相关性最大的点作为下一帧图像中小块的位置，如图 3.3.20-1 所示。这种计算运动向量的方式也叫块匹配方法。

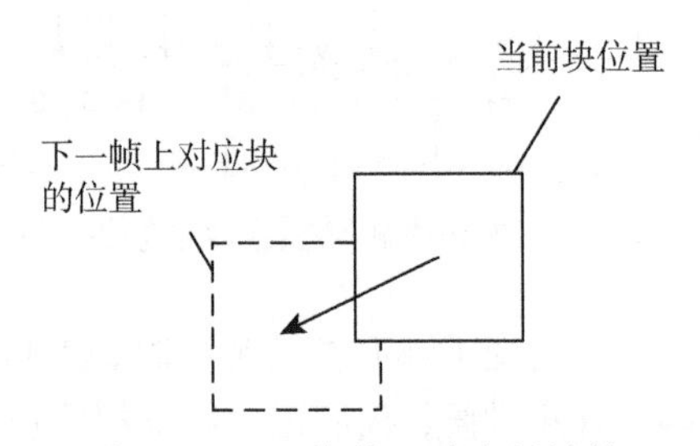

图 3.3.20-1　块的运动向量计算

对连续两帧图像中的每一个小块计算运动向量，然后取其在图像水平和垂直方向上的幅值并进行加和，可以得到当前连续两帧图像之间的运动向量，对整个视频进行处理之后，则可以得到在图像垂直方向和水平方向上的运动向量曲线。对于存在帧拷贝粘贴篡改的视频，其运动向量曲线上会出现异常的波动。

图 3.3.20-2 是一段篡改视频的帧间运动向量曲线，在这段视频的前半段凭空出现了一辆红色的小汽车(图 3.3.20-2 中未展现出来)，出现红色小汽车的视频是从视频的后半部分拷贝粘贴而来的，从这段视频的帧间运动向量曲线可以看到，水平方向对应的运动向量曲线(蓝色)在帧拷贝粘贴篡改的位置上出现了一个明显的波动。

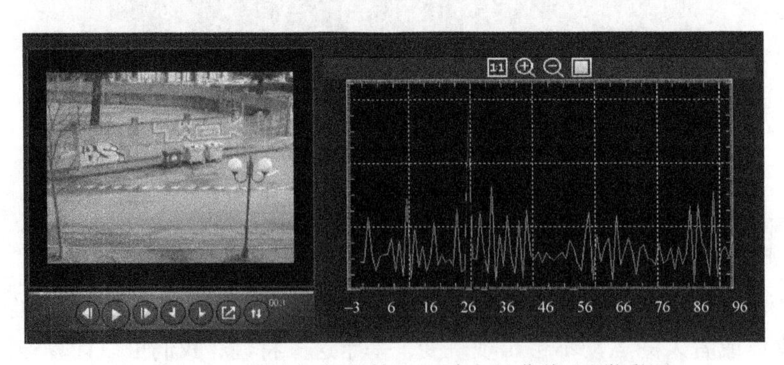

图 3.3.20-2　篡改视频的帧间运动向量曲线(后附彩图)

3.4　数字影像的来源鉴别

《中华人民共和国刑事诉讼法》(2018 年第三次修正)第五十条规定，可以用于证明案件事实的材料，都是证据。视听资料、电子数据属于第八类证据，证据必须经过查证属实，才能作为定案的根据[40]。数字媒体证据按照其生成过程及来源信息可以分为三类：数字设备生成证据、存储证据和混成证据。其中，数字设备生成证据指的是不经过其他任何操作，完全由数字获取设备独立生成的证据。存储证据指的是利用数字设备获取到数字信息并对其进行保存，从而形成的证据。混成证据指的是当数字设备获取到信息后，又利用设备内部的一些操作指令对获取到的信息进行处理后得到的证据[41]。因为数字设备生产公司的原材料、生产过程、专利技术不同等，不同的数字设备会在生成的证据上留下独有的特征。同样地，特殊的操作指令对信息的处理也会留下独有的特征。显然，为了查证数字媒体证据是否属实，是否可以作为定案的根据，将数字证据与数字设备或特殊的操作指令联系起来是一个有效的方法，这就是数字影像的来源鉴别需要解决的问题。

3.4.1　数字影像的来源鉴别技术简介

受限于目前技术发展的水平，根据查证的目的，数字影像的来源鉴别问题可以分层次进行解决。首先是设备类型鉴别，即根据数字影像的文件信息或者各种数字设备的机理，判别数字影像的生成设备类型。常用的数字设备有手机、数码相机、扫描仪、打印机等，另外，随着影像处理技术的进步，今后一个可能的来源是计算机生成影像。其次是品牌型号鉴别，即根据数字设备不同品牌型号之间存在的差异性，确定生成数字影像所使用设备的生产商和型号，或者确定数字影像的最终来源软件和版本。常用的软件有 Photoshop、ACDsee、光影魔术手等。最后是个体鉴别，即在前两个层次的基础上，进一步确定数字设备的个体或来源软件的个体。

任意一类数字影像设备都有相当数量的品牌型号。获取品牌型号最简单的方法就是读取影像的 Exif 信息，其中标明了采集影像的设备的品牌型号以及获取时的重要技术参数。但是，由于 Exif 是公开标准，其中的信息都是明文信息，所以可以很容易地利用编辑软件读取和修改。鉴于此，Exif 信息只能作为取证的辅助信息，我们仍然需要依据数字影像的本身特征来进行来源鉴别。

在大多数情况下，需要鉴别的来源的数目是一定的，因此数字影像的来源鉴别问题很容易被建模为一个分类问题。对于这种问题，机器学习理论已经给出了相对成熟的框架：首先要对已知种类不同来源的数字影像库进行有监督的训练，构建出有效的分类模型，然后对输入的未知来源的影像进行来源鉴别。目前大部分来源鉴别技术均采用了这种框架。

为了构建出有效的分类模型，需要合适的分类特征。和数字媒体篡改取证技术一样，已有大部分来源鉴别技术的分类特征是提取自数字影像的自然固有特征，利用模式识别的有关方法对所提取的特征进行有效性鉴别，最终实现有效分类。数字影像来源鉴别技术的一般框架如 3.4.1-1 所示。从技术框架可知，数字影像的来源鉴别技术必须解决三个问题：一是有效特征的寻找；二是特征的准确提取，在能得到多个特征表现的条件下，还需要考虑对特征的融合及增强；三是建立参考特征和待检测特征的可靠的关联性。

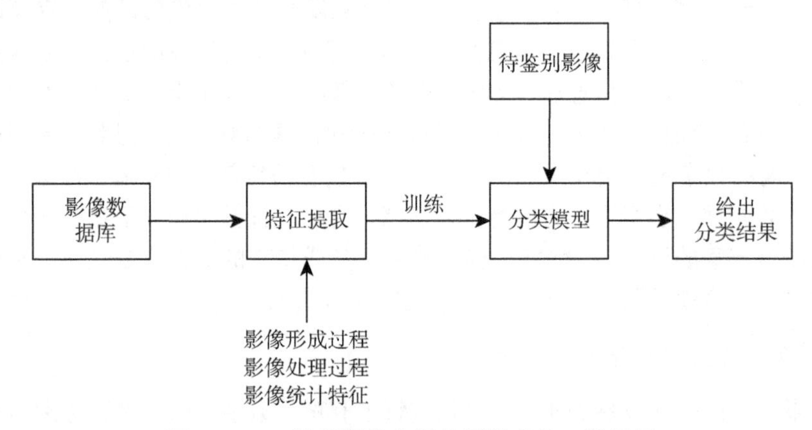

图 3.4.1-1　数字影像来源鉴别技术的一般框架

为了找到有效的分类特征，现有的方法主要考虑了三部分特征来源：影像的形成过程，影像的处理过程和影像的统计特征。影像的统计特征可以包含影像的成像系统特征，也可以包含影像处理中常用的噪声、颜色、直方图等统计特征[41-44]。由于生产周期和专利技术的原因，同一型号的成像设备一般使用相同批次的成像硬件，后期的处理过程也使用同样的算法，因此，成像设备的硬件器件特性和后处理算法的特性可以作为影像的固有特征。由前面章节可知，成像系统的主要结构可以分为镜头、CFA、传感器，成像系统的后处理主要有白平衡、伽马校正和图像压缩，这些都是影像的自然固有特征的主要来源，也是我们讨论的主要部分。

数码相机的镜头决定了成像的光线环境。考虑到成本，目前大部分品牌都选择了球形表面镜头，这种镜头往往会给生成的数字图像带来几何失真，其中较为严重的是径向失真。径向失真一般可分为桶形失真和枕形失真，这种失真可以作为参数用于粗略的来源识别[45]。除此之外，镜头上的灰尘也会对成像产生影响。

采用了 CFA 技术的成像设备都会进行 CFA 插值，一般来说，不同的品牌会采用不同的插值算法，出于保密或者专利原因，插值方法的细节不会明确给出，因此可以利用 CFA 插值算法的差异性进行来源鉴别[46-48]。

传感器是成像设备的核心器件，负责把光学影像转化为数字信号。它的生产工艺复杂，结构流程多，因此遗留于成像结果中的痕迹多且复杂，这些复杂痕迹为来源个体的识别带来了希望。为了描述这些复杂的痕迹，现有方法考虑了传感器噪声和传感器缺陷。传感器噪声的构成复杂，包括暗电流噪声、激发噪声、放大器噪声、转移噪声、量化噪声、复位噪声等随机噪声，某些确定性的系统噪声，以及传感器生产过程中的微小变化带来的噪声。传感器缺陷也会在影像中留下痕迹，而且传感器缺陷在相当长的时间内是不变的，所以也可以作为来源鉴别的依据。

在成像系统中，除了成像器件的影响外，各种后期处理操作也会留下特征。目前的方法主要考虑了白平衡、伽马校正和 JPEG 压缩这三种主要的后期操作在输出影像中留下的痕迹。

白平衡简单地说就是让实际环境中白色的物体在影像中也呈现出“真正”的白色。影像中物体的色彩主要由物体的表面色彩决定，同时也会受到被拍摄场景中光线色彩的影响。在一般的真实场景中，光线的组成比较复杂，在不同场景下获取的影像在整体色彩方面会呈现色温偏移。实际环境中白色的物体在各种场景下都是白色的，人眼感觉不到色温的偏移，这是由于人眼可以自动地根据场景光线进行修正处理，而传感器却没有这样的功能。为了补偿场景光线造成的色温偏移，成像设备获取到数字信号之后对其进行白平衡处理。白平衡处理方法种类很多，不同的处理操作在生成影像中也呈现出差异，我们可以利用这种差异进行来源鉴别[49]。

现有的成像设备支持的数字图像存储格式有很多种，其中最常见的有 RAW、TIFF 和 JPEG 等。由于储存空间的限制，一般的成像设备都支持采用有损存储。JPEG 格式是最普遍使用的有损压缩格式，它使用量化表对图像进行量化并编码，不同的设备品牌或编辑软件一般会有不同的量化表，除此之外，JPEG 编码中还包含图像的分辨率、缩略图、Exif 信息等，这些丰富的信息既可以用于图像的认证，也可以用于来源鉴别。

相机响应函数(camera response function, CRF)描述的是物体反射光线的光信号与通过相机内部成像器件以及后期的软件处理操作流程后生成的数字图像像素值之间构成的一种函数关系[50]，可以由设备采集到的影像估计出来[51,52]。不同型号相机的 CRF 会存在一定的差异，所以可以通过 CRF 间的差异来进行来源鉴别。

在以上的这些特征中，可能用于来源个体鉴别的是传感器噪声和缺陷，其他特征只能用于品牌型号鉴别或设备类型鉴别。出于取证的需要，我们在本节主要关注个体鉴别方法。

和篡改取证一样，来源取证也是取证技术的必要组成部分，目前也是研究的热门领域。从现有的文献中可知，在实验室环境下，对来源鉴别的场景和条件进行了一定的假设后，可以取得 95%以上的鉴别准确率。因此，现有的来源鉴别方法有能力在司法取证中发挥作用。这些算法的假设和实际情况或有差距，因实验条件所限，样本量可能不够多。在实际情况中，待取证的数字影像可能来源于社交媒体等网络环境，因此可能会经历尺寸变换、重新压缩、润色修饰、重新打印扫描等后期操作，比实验室环境得到的检材要复杂得多。因此，针对司法取证的实际应用背景和条件，进一步提高来源鉴别的准确率是来源鉴别方法将来需要解决的核心问题。

3.4.2 基于文件信息的来源鉴别方法

品牌型号鉴别最简单的方法就是读取影像的 Exif 信息，其中标明了采集影像的设备的品牌型号，JPEG 编码中也包含了这些信息，如图 3.4.2-1 所示。但是 Exif 信息非常容易通过 ExifTool 等编辑软件修改，所以一般作为辅助取证信息使用。

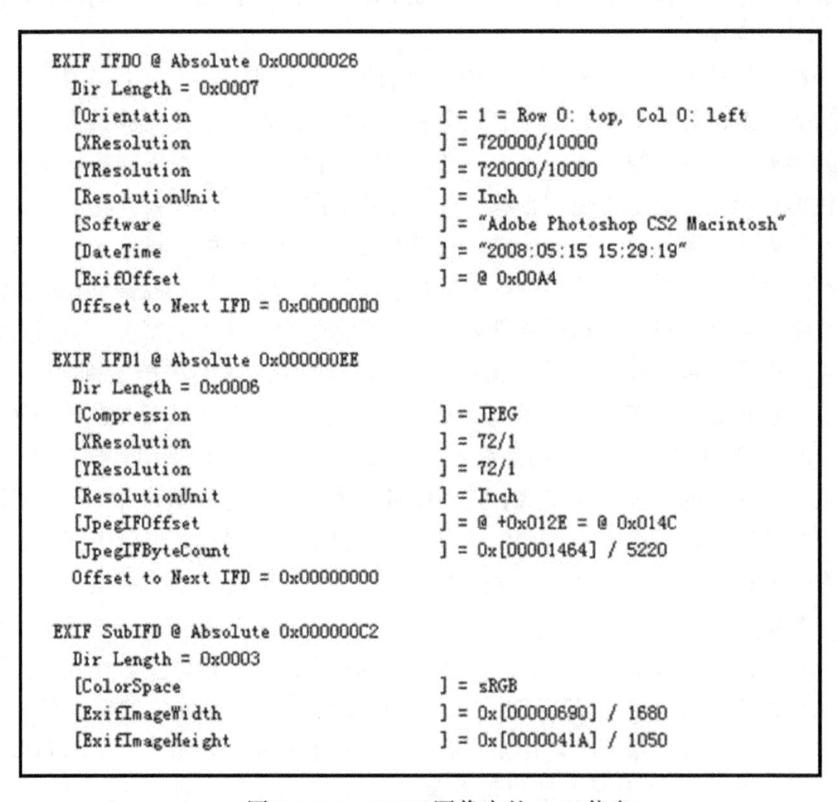

```
EXIF IFD0 @ Absolute 0x00000026
  Dir Length = 0x0007
  [Orientation                    ] = 1 = Row 0: top, Col 0: left
  [XResolution                    ] = 720000/10000
  [YResolution                    ] = 720000/10000
  [ResolutionUnit                 ] = Inch
  [Software                       ] = "Adobe Photoshop CS2 Macintosh"
  [DateTime                       ] = "2008:05:15 15:29:19"
  [ExifOffset                     ] = @ 0x00A4
  Offset to Next IFD = 0x000000D0

EXIF IFD1 @ Absolute 0x000000EE
  Dir Length = 0x0006
  [Compression                    ] = JPEG
  [XResolution                    ] = 72/1
  [YResolution                    ] = 72/1
  [ResolutionUnit                 ] = Inch
  [JpegIFOffset                   ] = @ +0x012E = @ 0x014C
  [JpegIFByteCount                ] = 0x[00001464] / 5220
  Offset to Next IFD = 0x00000000

EXIF SubIFD @ Absolute 0x000000C2
  Dir Length = 0x0003
  [ColorSpace                     ] = sRGB
  [ExifImageWidth                 ] = 0x[00000690] / 1680
  [ExifImageHeight                ] = 0x[0000041A] / 1050
```

图 3.4.2-1　JPEG 图像中的 Exif 信息

JPEG 格式在头文件中包含了非常丰富的信息，其中有图像的分辨率、颜色分量、量化表、缩略图、赫夫曼编码表等，其中与品牌型号相关联的信息是量化表。对于彩色图像来说，JPEG 压缩所用的量化表为两个：一个是亮度通道的量化表，另外一个是色度通道的量化表。只要将头文件的信息提取出来就会得到量化表信息。

不同品牌的成像设备会采用不同的量化表以在图像质量和储存空间中取得平衡，同时获得最佳的图像质量。对于不同的图像编辑软件来说，一般情况下也是如此。如果我们使用各品牌型号的成像设备提供的样片，提取其所用的量化表，就能够建立一个量化表数据库。通过量化表的对比，就可以粗略地判断 JPEG 格式压缩的影像来源。目前，已经有软件可以完成这项工作，比如 JPEGsnoop，如图 3.4.2-2 所示。当然，量化表与品牌型号或编辑软件的对应不是一对一的，如果不同品牌型号使用了同样的量化表，就只能使用此种方法缩小来源判别范围，对于取证也很有帮助。

```
Precision=8 bits
Destination ID=0 (Luminance)
  DQT, Row #0:   2   2   3   4   5   6   8  11
  DQT, Row #1:   2   2   2   4   5   7   9  11
  DQT, Row #2:   3   2   3   5   7   9  11  12
  DQT, Row #3:   4   4   5   7   9  11  12  12
  DQT, Row #4:   5   5   7   9  11  12  12  12
  DQT, Row #5:   6   7   9  11  12  12  12  12
  DQT, Row #6:   8   9  11  12  12  12  12  12
  DQT, Row #7:  11  11  12  12  12  12  12  12
  Approx quality factor = 91.64 (scaling=16.71 variance=22.54)
----
Precision=8 bits
Destination ID=1 (Chrominance)
  DQT, Row #0:   3   3   7  13  15  15  15  15
  DQT, Row #1:   3   4   7  13  14  12  12  12
  DQT, Row #2:   7   7  13  14  12  12  12  12
  DQT, Row #3:  13  13  14  12  12  12  12  12
  DQT, Row #4:  15  14  12  12  12  12  12  12
  DQT, Row #5:  15  12  12  12  12  12  12  12
  DQT, Row #6:  15  12  12  12  12  12  12  12
  DQT, Row #7:  15  12  12  12  12  12  12  12
  Approx quality factor = 92.57 (scaling=14.85 variance=23.00)

Searching Compression Signatures: (3347 built-in, 0 user(*) )

      EXIF.Make / Software       EXIF.Model                            Quality            Subsamp Match?
      -------------------------  -----------------------------------   ----------------   --------------
  SW :[Adobe Photoshop          ]                                      [Save As 10       ]
```

图 3.4.2-2　JPEG 头文件中提取的量化表信息和与数据库中量化表的对比结果

3.4.3　基于 PRNU 的来源鉴别方法

传感器作为成像设备的核心部件与成像设备是一一对应的。因此，由传感器产生的特征会对来源个体的鉴别起到重要作用。在用于个体鉴别的传感器特征中，研究最广泛、认可度最高的是取证领域的“数字弹道”技术，即传感器模式噪声技术。

无论什么情况下，信号出现总是有噪声伴随，在传感器中也不例外。传感器的噪声分为两部分：一部分是与周期性或位置无关的噪声，另一部分是出现在数字影像固定位置的噪声。前者被称为随机噪声，后者被称为模式噪声。传感器典型的随机噪声有暗电流散粒噪声、放大器噪声、光散粒噪声等。随机噪声和模式噪声一起，组成了传感器的噪声模式。不同的传感器会产生不同的模式噪声，模式噪声在不同的传感器个体之间具有可区分性，因此，类似于取证中的弹道轨迹的概念，模式噪声可以看作传感器的“弹道轨迹”，可以用来进行来源个体的取证。

在构成传感器模式噪声的成分中，固定模式噪声(fixed pattern noise，FPN)[53]是决定图像信噪比的重要因素，主要受到光电二极管的暗电流的影响。传感器生产商为了有效抑制 FPN，极力降低制造工艺中光电二极管的暗电流，可以预见，随着工艺进步，FPN 会越来越难以检测，这限制了它的应用。

在剩余的模式噪声中，光响应非一致性(PRNU)噪声是模式噪声的主要组成部分, PRNU 噪声又可细分为像素非一致性(PNU)噪声和低频缺陷。PNU 噪声是由传感器像素单元对光的敏感度不同导致的, 无论传感器是 CCD 还是 CMOS, 这种噪声都存在，它的产生原因包括光子粒子进入光电二极管的随机性、光谱响应及传感器涂层厚度等, 不受温度和湿度的影响, 主要集中在高频, 且性能稳定。低频缺陷是由空气中灰尘颗粒的光线折射产生的, 通常不稳定。在现有的文献中，并没有对 PRNU 噪声和 PNU 噪声加以明确的区分。

为了在影像中提取 PRNU 噪声，我们需要对 PRNU 噪声进行建模，视频可以看作一系列图像来处理，所以只需要对图像中的 PRNU 噪声进行建模，一般常用的模型是

$$\boldsymbol{I} = \boldsymbol{I}^0 + \gamma \boldsymbol{I}^0 \boldsymbol{K} + \boldsymbol{\theta}$$

其中，$\boldsymbol{I}$ 为传感器最终输出信号，$\boldsymbol{I}^0$ 为无噪图像信号，γ 为伽马校正的系数，$\boldsymbol{K}$ 为 PRNU 噪声因子，$\boldsymbol{\theta}$ 为其他因素造成的加性噪声。从模型可以看出，无论成像设备设置如何、拍摄内容如何，除非生成图像是全黑图像，否则 PRNU 噪声在传感器的生成图像中都有表现，而且经过成像设备后期处理后仍然存在，适合于来源个体鉴别。

PRNU 噪声为乘性因子，难以直接获取。为了解决此问题，我们先提高信噪比，也就是对观察值 $\boldsymbol{I}$ 即设备输出图像进行去噪滤波，去噪后得到的滤出噪声为

$$\boldsymbol{W} = \boldsymbol{IK} + \boldsymbol{\Xi}$$

其中，$\boldsymbol{\Xi}$ 为细小因素造成的加性噪声，可以建模为高斯白噪声，其能量不依赖于 $\boldsymbol{IK}$。因为 $\boldsymbol{\Xi}$ 的能量与 $\boldsymbol{IK}$ 相比很小，可以假设两者是相互独立的。此时 $\boldsymbol{W}$ 也可以看作一个随机变量，每得到一幅设备输出图像 $\boldsymbol{I}$，去噪滤波后就能得到 $\boldsymbol{W}$ 的一个样本，如果从 $k = 1,2,\cdots,d$ 幅图像 $\boldsymbol{I}_1, \boldsymbol{I}_2, \cdots, \boldsymbol{I}_d$ 中得到 $\boldsymbol{W}$ 的多个样本 $\boldsymbol{W}_1, \boldsymbol{W}_2, \cdots, \boldsymbol{W}_d$，就可以用最大似然估计方法得到 $\boldsymbol{K}$：

$$\boldsymbol{K} = \frac{\sum_{k=1}^{d} \boldsymbol{I}_k \boldsymbol{W}_k}{\sum_{k=1}^{d} \boldsymbol{I}_k^2}$$

为了更准确地估计出 PRNU 噪声因子，经研究发现，亮度高、内容复杂度低及能量强的图像提取的 PRNU 噪声因子更加准确，除此之外，提取的 PRNU 噪声因子还会受到 CFA 插值算法、JPEG 压缩等因素的影响，为了消除这些影响，提高准确度，需要在提取时去掉亮度饱和的区域，并对提取到的 PRNU 噪声因子进行行列零均值处理，即首先求取每一列中各因子的均值，再用每个因子减去该均值。对于彩色图像，可以在每个通道中得到 PRNU 噪声因子，然后用通常的将 RGB 图像转化为灰度图像的办法将得到的多通道 PRNU 噪声因子转化为单通道的。

在用 PRNU 噪声因子进行来源个体鉴别时，先利用成像设备拍摄多张符合要求的图像，从图像中提取出 PRNU 噪声因子作为模板。为了判断待检验图像是否来自此设备，将此问题建模为假设检验问题，可以得到适合检验用的检验器 NCC(归一互相关)[54]。NCC 只能用于维度相同的样本检验。在实际情况中，待检验的图像可能会经过剪切、伸缩甚至仿射变换等操作，这种情形下的检测方法仍然处于研究中。已经出现的相关能量峰值(PCE)检验器[54]能处理剪切和伸缩情形，但是速度很慢，还有一些文献提出用循环互相关矩阵[55]、三角检测[54]等方法。

3.4.4　基于传感器缺陷的来源鉴别方法

传感器的生产制造缺陷是最早被用于来源个体鉴别的方法。低端成像设备在生产过程中受到成本的限制，传感器件的光电二极管数量不同，处于不同位置的暗电流不均匀或者感光不均匀甚至感光单元损坏会造成成像缺陷点。这些缺陷点往往会以固定位置的突出像素(spike pixel)噪声的形式呈现在生成的数字影像上，暗电流不均匀会造成暗白点、白色损伤、暗颗粒；感光度不均匀会造成亮白点、亮点、黑点等，如图 3.4.4-1 所示。因为这些缺陷像素的位置是固定的，像素的突出形式也是固定的，所以即使设备的输出影像经过了后期压缩等处理，这些缺陷点仍然能够通过简单的平均输出图像来检测获得[56]。这些缺陷点是由生产缺陷随机产生，一经产生就不会发生变化，所以缺陷点的数量和位置与设备的个体是一对一的，可以根据缺陷点的位置和数量等特征来鉴别数字图像的相机个体来源。

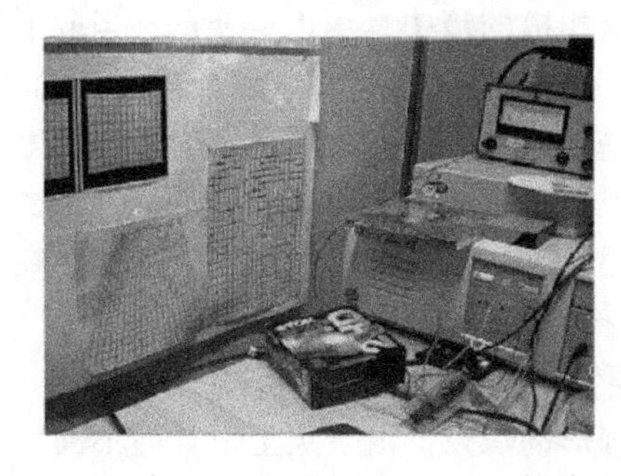

图 3.4.4-1　一幅真实图像和它的像素缺陷点

如果我们能够获得成像设备和待取证的影像，需要判断影像是否是由此成像设备给出的，则可以使用成像设备拍摄合适的影像以获得传感器缺陷点的模板。此时来源个体鉴别问题就变成了一个假设检验问题，零假设为待取证图像具有此种模板，我们需要缺陷点的产生概率来解决这个问题[56]。

随着传感器生产技术的进步，传感器的制造良率极大地提高，制造缺陷引起的感光缺陷点会逐渐消失。同时，为了保证成像质量，成像设备引入了后期处理技术去掉感光不均匀的痕迹。因此，利用这一特征进行来源个体鉴别的有效性会降低。但是，在成像设备的使用过程中，器件老化或使用不当等原因造成的感光器件损伤或损坏也会产生感光缺陷点，而且这种缺陷点一旦产生就不会消失，在相当长的时间内，这些缺陷点的数量和位置不会变化，随着使用年限的增加，会产生越来越多的感光缺陷点。在传感器中，传感器阵列可以看成相互独立的，因此，缺陷点的出现是随机时刻相继出现的事件，具有平稳性、无后效性和普通性。平稳性是指出现 k 个缺陷点的概率只依赖于时间长度，而非时间起止点；无后效性是指在不相重叠的时间段内，缺陷点的发生是相互独立的；普通性是指在足够短的时间段内，出现两个或者两个以上缺陷点的概率可以忽略不计。从以上性质可知，感光缺陷点的出现服从泊松分布。因此，对于大多数成像设备来说，使用缺陷点来进行来源个体鉴别仍然是有效的，而且还可以根据缺陷点的位置等信息大略地判断影像的生成时间[54]。

3.4.5　基于镜头污染的来源鉴别方法

镜头对于成像过程的影响不可忽视，镜头导致的失真也会在生成影像中留下可以取证的痕迹，但是因为失真与设备个体不是一一对应的，所以镜头的失真无法用于来源个体鉴别。为了利用镜头的痕迹进行个体鉴别，现有的方法考虑了镜头的污染，即镜头上的灰尘对于影像的影响。

镜头上的灰尘使得光学表面不平整，进而使得穿过透镜的光线的反射、折射等光学特性呈现出差异性，并最终在影像中留下痕迹。对普通的消费级数码相机来说，镜头的灰尘极为少见，除非是曾经打开过机身并导致传感器透镜沾染了灰尘。但对于数码单反相机，情形是不同的。数码单反相机的镜头是可以更换的，当取下镜头时，环境中的灰尘就有可能会附着其上，其中非常大的灰尘很容易被发现从而清除，但是对输出影像的影响不可见的灰尘会被忽视而且长期保留。由于粉尘的随机性，这些附着其上的灰尘会形成独有的模式，且这种模式与成像个体是一一对应的，如图 3.4.5-1 所示。这种模式一直存在且不变，除非有灰尘再次进入，因此，在一段相当长的时间内，这种模式可以作为特征来鉴别来源个体[57]。

镜头上的灰尘在输出图像中显示为像素值较低的点，如图 3.4.5-2 所示。对于小的不易觉察的灰尘，造成的痕迹一般是圆形的黑点。由于灰尘位置的不同和成像设置的不同，痕迹的大小也不通。痕迹的尺寸取决于光圈数大小、焦距、滤波器尺寸和灰尘尺寸。光圈数越大，痕迹尺寸越大。同时，随着焦距的变化，图像中痕迹的相对位置会有轻微的变化[57]。

图 3.4.5-1　真实图像和镜头灰尘造成的痕迹[57](后附彩图)

为了显示痕迹，对原始图像做了直方图调整

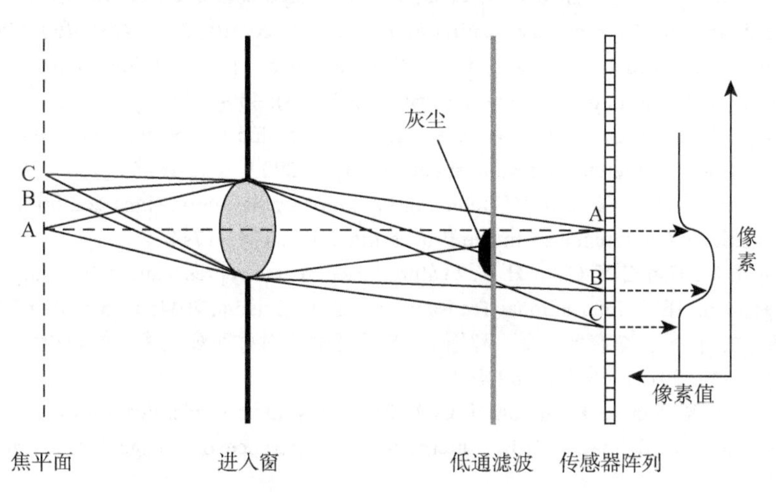

图 3.4.5-2　镜头上的灰尘在输出图像中显示为像素值较低的点[57]

为了使用灰尘模板进行来源个体鉴别，文献[57]先对每一幅待鉴别个体拍摄的图像用滑动窗口提取灰尘位置，并将所有图像中的灰尘位置集合以得到个体的灰尘模板，出现次数越多的位置可信度越高。对于待取证图像，先得到其灰尘模板，再利用个体的灰尘模板进行匹配，得到模板匹配成功的可信度。

参 考 文 献

[1] Ng T T, Chang S F, Hsu J, et al. Physics-motivated features for distinguishing photographic images and computer graphics. ACM Multimedia, Singapore, 2005: 239-248

[2] 周琳娜，王东明. 数字图像取证技术. 北京: 北京邮电大学出版社, 2008

[3] 魏为民，胡胜斌，赵琰. 数字图像取证技术的发展. 上海电力学院学报, 2012, 28(4): 370-371

[4] 谭茂洲. 基于时空特征的视频篡改被动检测技术研究. 上海：上海交通大学, 2012

[5] 谭茂洲，蒋兴浩，孙锬锋. 视频篡改被动检测技术研究. 信息安全与通信保密, 2012, 3: 68-69

[6] 骆伟祺. 多媒体被动认证方法研究. 广州：中山大学, 2008

[7] 黎智辉，王桂强，许小京，等. 视频侦查中的影像证据应用. 刑事技术，2014,(2)：42-45

[8] 许磊，郭晶晶，黎智辉. 合成不雅视频案件检验 1 例. 刑事技术，2014，(4)：13,17

[9] 段成阁，倪萍娅，张国臣，等. 浅析监控视频鉴定. 刑事技术，2012，(4)：42-44,72

[10] Chen M, Fridrich J, Goljan M, et al. Determining image origin and integrity using sensor noise. IEEE Trans. Information Forensics and Security, 2008, 3(1): 74-90

[11] Popescu A, Farid H. Exposing digital forgeries in color filter array interpolated images. IEEE Trans. Signal Processing, 2005, 53(10) : 3948-3959

[12] Yerushalmy I, Hel-Or H. Digital image forgery detection based on lens and sensor aberration. Int. J. Computer Vision, 2001, 92(1): 71-91

[13] Lin W S, Tjoa S K, Zhao H V, et al. Digital image source coder forensics via intrinsic fingerprints. IEEE Trans. Information Forensics and Security, 2009, 4(3): 460-475

[14] Johnson M, Farid H. Exposing digital forgeries in complex lighting environments. IEEE Trans. Information Forensics and Security, 2007, 2(3): 450-461

[15] Zhang W, Cao X C, Zhang J W. Detecting photographic composites using shadows. IEEE International Conference on Multi-media & Expo., 2009: 1042-1045

[16] Conotter V, Boato G, Farid H. Detecting photo manipulation on signs and billboards. IEEE International Conference on Image Processing, 2010: 1741-1744

[17] Kang L W, Hsu C Y, Chen H W. Feature-based sparse representation for image similarity assessment. IEEE International Transactions on Multimedia, 2011, 13(5): 1019-1030

[18] 杜振龙，杨凡，李晓丽，等. 利用 SIFT 特征的非对称匹配图像拼接盲检测. 中国图象图形学报，2013，18(4)：442-449

[19] Kurosawa K, Kuroki K, Saitoh N. CCD fingerprint method identication of a video camera from videotaped images. IEEE International Conference on Image Processing, 1999, 3: 537-540

[20] Amerini I, Caldelli R, Cappellini V. Analysis of denoising filters for photo response non uniformity noise extraction in source camera identification. IEEE International Conference on Digital Signal Processing, 2009: 1-7

[21] van Houten W, Geradts Z, Franke K. Verification of video source camera competition. Recognizing Patterns in Signals, Speech, Images and Videos, 2010: 22-28

[22] Wang W, Farid H. Detecting re-projected video. Information Hiding, 2008: 72-86

[23] Lee J W, Lee M J, Oh T W. Screenshot identication using combing artifact from interlaced

video. ACM Workshop on Multimedia and Security, 2010: 49-54
[24] Bayram S, Sencar H T, Memon N D. Video copy detection based on source device characteristics: A complementary approach to content-based methods. ACM International Conference on Multimedia Information Retrieval, 2008: 435-442
[25] Hsu C C, Hung T Y, Lin C W, et al. Video forgery detection using correlation of noise residue. IEEE Workshop on Multimedia Signal Processing, 2008: 170-174
[26] Kobayashi M, Okabe T, Sato Y. Detecting forgery from static-scene video based on inconsistency in noise level functions. IEEE Trans. Information Forensics and Security, 2010, 5(4): 450-461
[27] Wang W H, Farid H. Exposing digital forgeries in video by detecting double quantization. ACM Workshop on Multimedia and Security, 2009: 39-48
[28] RFC 1321, section 3.4. Step 4. Process Message in 16-Word Blocks. page 5
[29] Xie T, Liu F B, Feng D G. Fast Collision Attack on MD5. The International Association for Cryptologic Research (IACR), Cryptology ePrint Archive, 2013
[30] Black J, Cochran M, Highland T. A Study of the MD5 Attacks: Insights and Improvements. International Conference on Fast Software Encryption, 2006
[31] JPEG [Wikipedia]. https://en.wikipedia.org/wiki/JPEG[2016-07-25]
[32] 陶胜. JPEG 图像文件格式分析及显示. 电脑编程技巧与维护，2001, (7)：69-76
[33] Fridrich J，Soukal D，Lukáš J. Detection of copy-move forgery in digital images. Proceedings of Digital Forensic Research Workshop，2003：5-8
[34] Gallagher A C，Chen T. Image authentication by detecting traces of demosaicing//Proceedings of IEEE Computer Society Conference on Computer Vision and Pattern Recognition. Washington D. C., USA：IEEE，2008：1-8
[35] Popescu A C，Farid H. Exposing digital forgeries by detecting duplicated image regions. TR2004-515，Hanover，NH，USA: Department of Computer Science, Dartmouth College，2004
[36] Long Y J，Huang Y Z. Image based source camera identification using demosaicking// Proceedings of 8th Workshoop on Multimedia Signal Processing. New York：ACM，2006：419-424
[37] Popescu A C，Farid H. Exposing digital forgeries by detecting traces of re-sampling. IEEE Transactions on Signal Processing，2005，53 (2)：758-767
[38] Gallagher A C. Detection of linear and cubic interpolation in JPEG compressed images//Proceedings of Canadian Conference on Computer Robot Vision. Washington D. C.，USA：IEEE，2005：65-72
[39] Mahdian B，Saic S. Blind authentication using periodic properties of interpolation. IEEE Transactions on Information Forensics and Security，2008，3(3)：529-538
[40] 崔敏. 刑事证据学. 北京：中国人民公安大学出版社，1997
[41] Lyu S，Farid H. How realistic is photorealistic?. IEEE Transaction on Signal Processing，2005，53(2)：845-850
[42] Ozparlak L，Avcibas I. Differentiating between images using wavelet-based transforms：A comparative study. IEEE Transactions on Information Forensics and Security，2011，6(4)：1418-1431

[43] Farid H, Bravo M J. Perceptual discrimination of computer generated and photographic faces. Digital Investigation, 2012, 8(3-4): 226-235
[44] Peng F, Li J T, Long M. Identification of natural images and computer generated graphics based on statistical and textural features. Journal of Forensic Sciences, 2015, 60(2): 435-443
[45] Choi K S, Lam E Y, Wong K K Y. Automatic source camera identification using the intrinsic lens radial distortion. Optics Express, 2006, 14(24): 11551-11565
[46] Chang T Y, Tai S C, Lin G S. A passive mufti-purpose scheme based on periodicity analysis of CFA artifacts for image forensics. Journal of Visual Communication and Image Representation, 2014, 25(6): 1289-1298
[47] Bayram S, Sencarb H T, Memonb N. Classification of digital camera-models based on demosaicing artifacts. Digital Investigation, 2008, 5(1-2): 49-59
[48] Swaminathan A, Wu M, Liu K J R. Nonintrusive component forensics of visual sensors using output images. IEEE Transactions on Information Forensics and Security, 2007, 2(1): 91-106
[49] Deng Z H, Gijsenij A, Zhang J Y. Camera identification using auto-white source balance approximation//Proc. of the Int. Conf. on Computer Vision. Piscataway, NJ: IEEE, 2011: 57-64
[50] Grossberg M D, Nayar S K. What is the space of camera response functions?. Proceedings of IEEE Computer Society Conference on Computer Vision and Pattern Recognition, 2003, (2): 602-609
[51] Ng T T, Tsui M P. Camera response function signature for digital forensics—Part Ⅰ: Theory and data selection//IEEE International Workshop on Information Forensics and Security. WIFS, 2009: 156-160
[52] Ng T T. Camera response function signature for digital forensics—Part Ⅱ: Signature extraction. IEEE International Workshop on Information Forensics and Security, 2010: 161-165
[53] 米本和也. CCD/CMOS 图像传感器基础与应用. 陈榕庭，彭美桂，译. 北京：科学出版社，2006
[54] Fridrich J. Sensor Defects in Digital Image Forensic//Digital Image Forensics: There is More to a Picture than Meets the Eye. New York: Springer, 2013: 179-218
[55] Kang X G, Li Y X, Qu Z H, et al. Enhancing source camera identification performance with a camera reference phase sensor pattern noise. IEEE Transactions on Information Forensics and Security, 2012, 7(2): 393-402
[56] Geradts Z J, Bijhold J, Kieft M, et al. Methods for identification of images acquired with digital cameras//Proceedings of the SPIE Conference on Enabling Technologies for Law Enforcement and Security. SPIE, 2001: 505-512
[57] Dirik A E, Sencar H T, Memon N. Digital single lens reflex camera identification from traces of sensor dust. IEEE Transactions on Information Forensics & Security, 2008, 3(3): 539-552

第 4 章　软件产品介绍

4.1　警视通影像真伪鉴定系统

随着数字影像技术和计算机技术的飞速发展，视频、图像编辑软件也得到快速发展与普及，视频、图像修改手段也日益丰富。数字影像真伪鉴定技术成为数字图像取证、物证鉴定、多媒体信息真实度分析的关键及热点，为鉴别媒体图像的可信性、司法证据的真实性及情报图像的可靠性提供强有力的证据。

警视通影像真伪鉴定系统是由北京多维视通技术有限公司依托视频侦查技术联合实验室，为公安、司法行业及相关领域量身打造的视频(图像)真伪性检验鉴定分析的专业设备。

警视通影像真伪鉴定系统针对常见的视频(图像)篡改手段，从视频或图像的成像设备、环境、图像特征等条件分析，提供相关性矩阵检测、帧间差异性检测、时间标签连续性检测、宏块数量检测、帧间运动向量检测等多种视频检验方法，以及光照一致性检测、二次 JPEG 压缩检测、景深差异判别、边缘模型检测、重采样、CFA、DCT 检测、SIFT 特征检测、透视关系检测、ELAMAP 检测、JPEG ghost 检测、PRNU 检测、DCTMAP 检测等多种图像检验方法，进行篡改检验。可直接记录检验结果，生成检验报告。

常见的图像篡改手段包括：拷贝粘贴、图像拼接、手工涂改、图像翻拍、二次压缩。针对不同的篡改手段需要采用不同的或者多种篡改识别技术来对篡改手段进行识别，并对篡改区域进行定位。本系统中包括对图像篡改检验和视频篡改检验的方法，图像篡改检验的方法主要有：光照一致性检测、二次 JPEG 压缩检测、景深差异判别、非同图拷贝粘贴检测——重采样、非同图拷贝粘贴检测——CFA、同图拷贝粘贴检测——DCT 检测、同图拷贝粘贴检测——SIFT 特征检测、边缘模型检测、噪声一致性检测、透视关系检测、ELAMAP 检测、JPEG ghost 检测、PRNU 检测、DCTMAP 检测。视频篡改检验的方法有：相关性矩阵检测、帧间差异性检测、时间标签连续性检测、宏块数量检测、帧间运动向量检测。

系统利用影像鉴定技术，依托实际检验鉴定工作的流程进行设计，满足视频侦查技术检验工作中的视频(图像)检验鉴定需求，优选符合国家相关检验标准并经过实践检验的算法，针对视频编辑、影像合成等篡改手段，从视频(图像)的成像设备、环境、图像特征等条件分析，对声像资料的原始性、真实性(完整性)、同一性等进行鉴定，以及对视频图像资料载体和拍摄器材进行鉴定，并客观、准确、完整、详细记录检验过程，为用户提供了一套清晰、方便、快捷、可靠的物证鉴定系统。

该产品是“十三五”公安刑事技术视频侦查装备配备指导目录中的重要组成部分，参见附录三(15-视频图像检验鉴定系统)。

1. 界面介绍

图 4.1-1 是警视通影像真伪鉴定系统界面布局，其中：

A. 菜单栏：程序的主菜单，涵盖程序的所有功能项。

B. 卷宗资源面板：管理卷宗里的检材和样本，包括视频和图像，如打开、保存、删除等。

C. 素材查看面板：用于显示图像的处理效果，若打开的对象是视频对象，则图像区为一个的视频显示区。

D. 属性\调整\助手面板：用于显示导航面板、效果调整和操作助手。

E. 素材切换面板：用于显示所有打开的视频、图像、序列图像。

图 4.1-1　警视通影像真伪鉴定系统界面布局

2. 产品特点

(1) 视频(图像)来源验证；
(2) 国内首款影像真伪鉴定系统；
(3) 精确指出图像中被篡改区域；
(4) 海量检材视频(图像)处理分析；
(5) 涵盖公安行业标准认证检验算法；
(6) 智能操作助手工具，学习与工作环境的有机统一；
(7) 解决了视频、音频和图像的公安、司法检验需求；
(8) 领先的影像鉴定技术与工业化的产品设计完美结合；

(9) 专业化和系统化的影像资料真伪鉴定综合技术平台；
(10) 科学团队持续研发，拥有自主知识产权和产品持续升级能力；
(11) 提供符合法庭诉讼要求的检验鉴定报告和完整的检验过程记录；
(12) 体系化的培训教材、专业化的讲师团队、系列化的影像鉴定技术培训班。

4.2　功能框架图

图 4.2-1 是警视通影像真伪鉴定系统功能框架图。

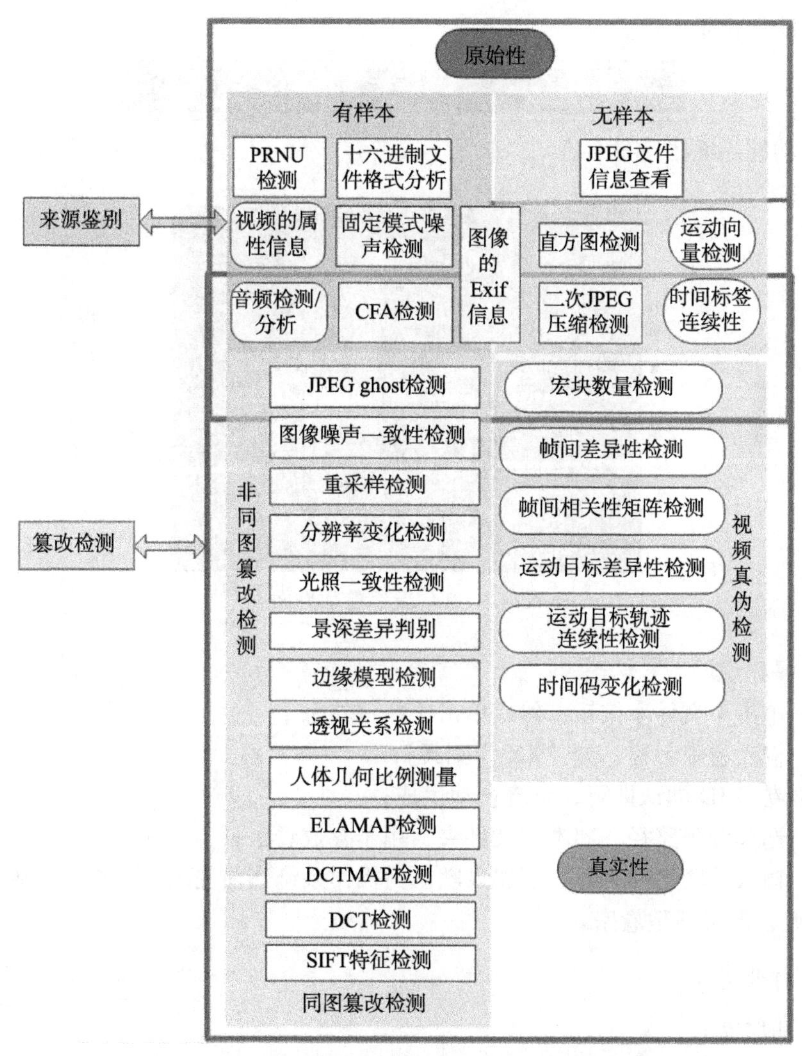

图 4.2-1　警视通影像真伪鉴定系统功能框架图

4.3　功 能 介 绍

4.3.1　卷宗

1. 新建卷宗

1) 功能简介

该功能可以新建一个卷宗，管理检材、样本、操作记录等信息。

2) 功能位置

菜单	【文件】→【新建卷宗】

3) 功能界面(图 4.3.1-1)

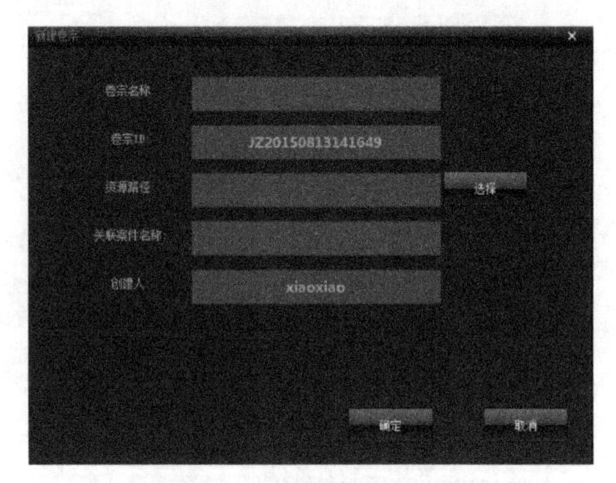

图 4.3.1-1　新建卷宗界面

4) 操作说明

(1) 单击【文件】按钮，然后单击【新建卷宗】;

(2) 输入卷宗名称，如“XX 诈骗案”;

(3) 卷宗 ID 默认即可，系统自动生成；

(4) 选择资源路径，即本地文件夹，用于存放卷宗；

(5) 输入关联案件名称，创建人默认为操作系统当前登录的用户名，单击【确定】按钮，即可新建卷宗。

2. 打开卷宗

1) 功能简介

该功能可以打开已保存过的卷宗文件。

2) 功能位置

菜单	【文件】→【打开卷宗】

3) 功能界面(图 4.3.1-2)

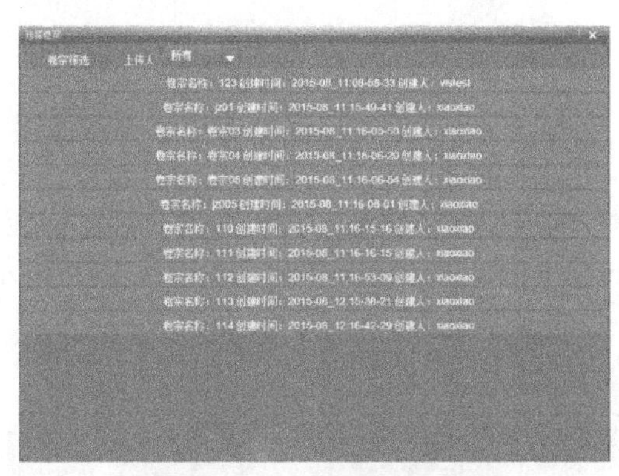

图 4.3.1-2　打开卷宗界面

4) 操作说明

(1) 单击【文件】按钮，然后单击【打开卷宗】;

(2) 单击一个卷宗，即可打开卷宗。

3. 导出卷宗

1) 功能简介

该功能可以将当前处理的卷宗重新打包保存。

2) 功能位置

菜单	【文件】→【导出卷宗】

3) 功能界面(图 4.3.1-3)

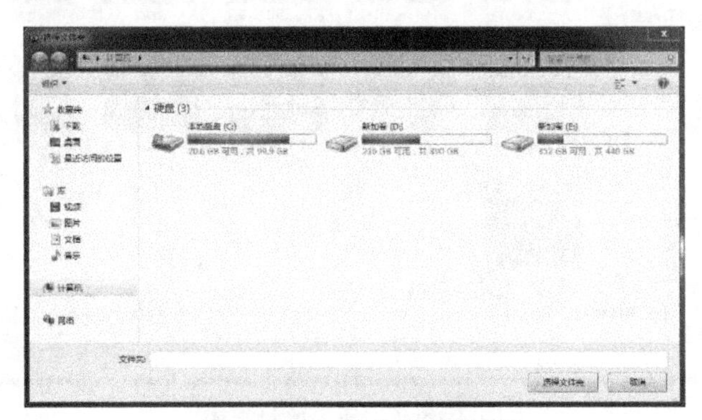

图 4.3.1-3　导出卷宗界面

4) 操作说明

(1) 单击【文件】按钮，然后单击【导出卷宗】;

(2) 选择要保存的路径，单击【选择文件夹】按钮即可。

4.3.2 检材与样本

1. 导入检材

1) 功能简介

该功能实现将作为检材的视频、图像或序列图像导入卷宗资源面板中，可同时打开一个或多个文件。打开的文件将显示在卷宗资源里的【检材】下。该功能支持打开的文件类型有.avi、.mp4、.hik、.dav 等格式的视频文件和.vis、.bmp、.jpg、.jp2、.tif、.png、.seq 等格式的图像文件。

2) 功能位置

菜单	【文件】→【导入检材】

3) 功能属性

是否支持 ROI	否
支持对象	视频、图像、序列图像
是否保存操作记录	是

4) 功能界面(图 4.3.2-1)

图 4.3.2-1　导入检材界面

5) 操作说明

(1) 单击【文件】，然后单击【导入检材】，弹出图 4.3.2-1 所示界面；

(2) 在界面中间文件浏览区选中要打开的文件；

(3) 单击界面中的【打开】，该对象即在系统中被打开，并出现在卷宗资源的【检材】下。

2. 导入样本

1) 功能简介

该功能实现将作为样本的视频、图像或序列图像导入卷宗资源面板中，可同时打开一个或多个文件。打开的文件将显示在卷宗资源里的【样本】下。该功能支持打开的文件类型有.avi、.mp4、.hik、.dav 等格式的视频文件和.vis、.bmp、.jpg、.jp2、.tif、.png、.seq 等格式的图像文件。

2) 功能位置

菜单	【文件】→【导入样本】

3) 功能属性

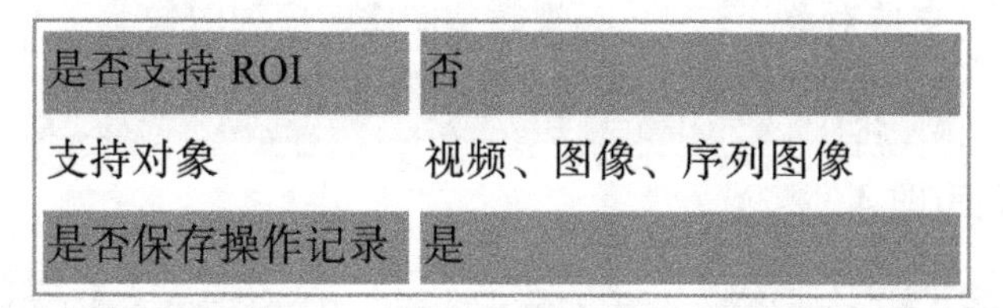

是否支持 ROI	否
支持对象	视频、图像、序列图像
是否保存操作记录	是

4) 功能界面(图 4.3.2-2)

图 4.3.2-2　导入样本界面

5）操作说明

(1) 单击【文件】，然后单击【导入样本】，弹出图 4.3.2-2 所示界面；

(2) 在界面中间文件浏览区选中要打开的文件；

(3) 单击界面中的【打开】，该对象即在系统中被打开，并出现在卷宗资源的【样本】下。

3. 添加检材

1）功能简介

该功能实现将图片/视频添加到检材下。能支持打开的文件类型有.vis、.bmp、.jpg、.jp2、.tif、.png、.avi、.mp4、.hik、.dav 等。

2）功能位置

右击菜单	【检材】→【添加检材】

3）功能属性

是否支持 ROI	否
支持对象	视频、图像、序列图像
是否保存操作记录	是

4）功能界面(图 4.3.2-3)

图 4.3.2-3　添加检材界面

5) 操作说明

(1) 在素材资料面板右击【检材】，单击【添加检材】后弹出图 4.3.2-3 所示界面；

(2) 在界面中间文件浏览区选中要打开的资源文件；

(3) 单击界面中的【打开】，该对象即在系统中被打开，并出现在卷宗资源的【检材】下。

4. 添加样本

1) 功能简介

该功能实现将图像/视频文件添加到样本下。能支持打开的文件类型有.vis、.bmp、.jpg、.jp2、.tif、.png、.avi、.mp4、.hik、.dav 等。

2) 功能位置

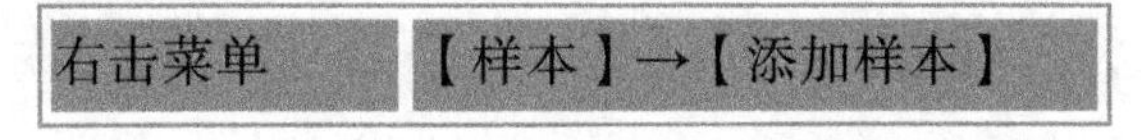

右击菜单	【样本】→【添加样本】

3) 功能属性

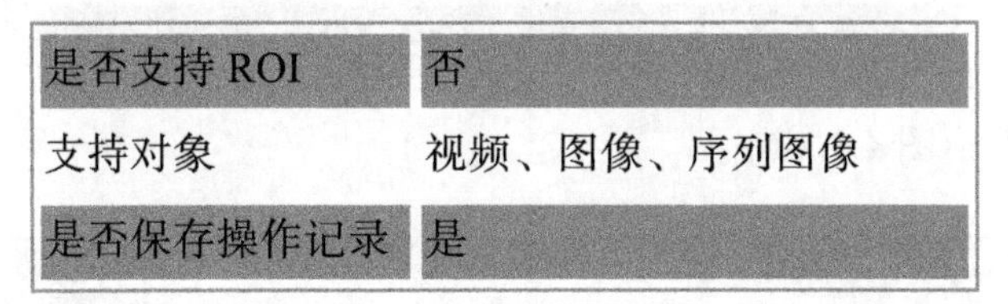

是否支持 ROI	否
支持对象	视频、图像、序列图像
是否保存操作记录	是

4) 功能界面(图 4.3.2-4)

图 4.3.2-4　添加样本界面

5) 操作说明

(1) 在素材资料面板右击【样本】，单击【添加样本】后弹出图 4.3.2-4 所示界面；

(2) 在界面中间文件浏览区选中要打开的样本文件；

(3) 单击界面中的【打开】，该对象即在系统中被打开，并出现在卷宗资源的【样本】下。

5. 添加报告

1) 功能简介

该功能实现将.doc、.docx 文件导入【报告】下。能支持导入的文件类型为.doc、.docx。

2) 功能位置

右击菜单	【报告】→【添加报告】

3) 功能属性

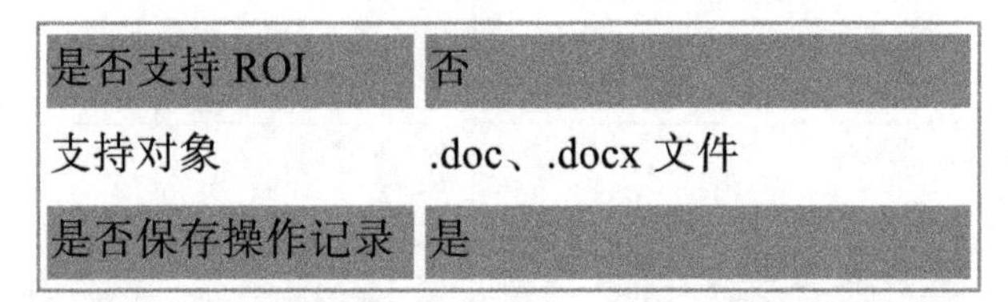

是否支持 ROI	否
支持对象	.doc、.docx 文件
是否保存操作记录	是

4) 功能界面(图 4.3.2-5)

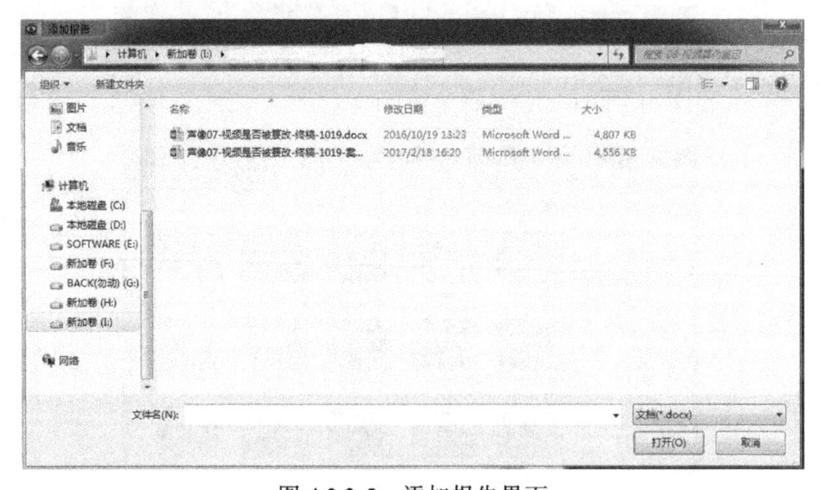

图 4.3.2-5　添加报告界面

5) 操作说明

(1) 在素材资料面板右击【报告】，单击【添加报告】后弹出图 4.3.2-5 所示界面；

(2) 在界面中间文件浏览区选中要导入的文件；

(3) 单击界面中的【打开】,该对象即在系统中被打开,并出现在卷宗资源的【报告】下。

6. 添加文件夹

1) 功能简介

该功能可以新增文件夹,将检材和样本分文件夹管理,文件夹下支持添加视频、图像和序列图像。

2) 功能位置

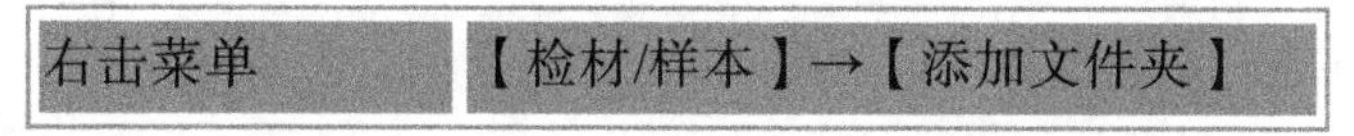

右击菜单	【检材/样本】→【添加文件夹】

3) 功能属性

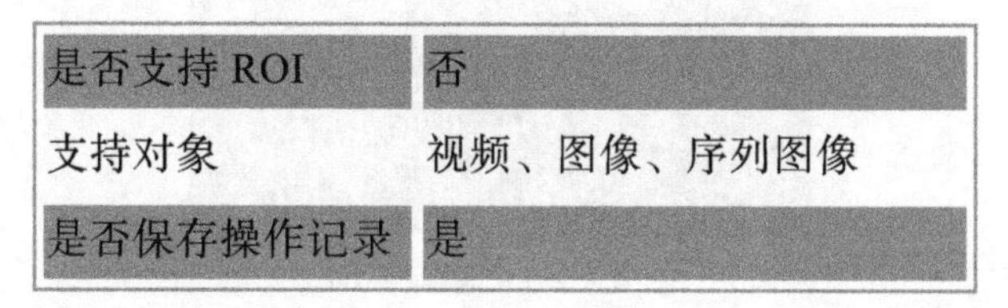

是否支持ROI	否
支持对象	视频、图像、序列图像
是否保存操作记录	是

4) 功能界面(图4.3.2-6)

图4.3.2-6　添加文件夹界面

5) 操作说明

(1) 在素材资料面板右击【检材】或【样本】,单击【添加文件夹】后弹出图4.3.2-6所示界面;

(2) 输入文件夹名,如"红色车",单击【确定】;

(3) 右击选择新建的文件夹,可以添加视频、图像或序列图像。

7. 删除

1) 功能简介

该功能可以将素材或样本中选中的文件删除,包括视频、图像和序列图像。

2) 功能位置

右键菜单	【检材/样本】→【删除】

3) 功能属性

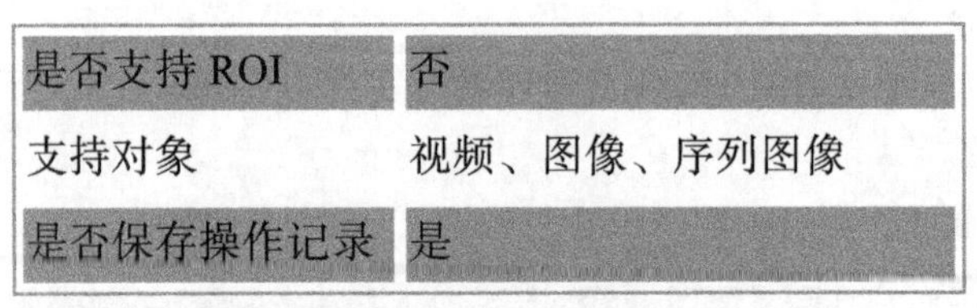

是否支持 ROI	否
支持对象	视频、图像、序列图像
是否保存操作记录	是

4) 功能界面(图 4.3.2-7)

图 4.3.2-7　删除界面

5) 操作说明

(1) 在素材资料面板右击【检材】或【样本】，单击【删除】后弹出图 4.3.2-7 所示界面；

(2) 单击【确定】，即可在检材或样本中删除所选的文件。

4.3.3　人工分析

1. 单图分析

1) 功能简介

该功能提供针对单个图像/视频的分析，支持鼠标滚轮放大、缩小，支持截图、ROI 操作。

2) 功能位置

菜单	【人工分析】→【单图分析】
素材查看区	快捷按钮

3) 功能属性

是否支持 ROI	是
支持对象	视频、图像、序列图像
是否保存操作记录	否

4) 功能界面(图 4.3.3-1)

10 11 12 13 14 15 16

1: 单窗口
2: 双窗口
3: 截图
4: ROI
5: 1:1显示
6: 放大
7: 缩小
8: 关闭显示
9: 对比查看
10: 上一帧
11: 播放/暂停
12: 下一帧
13: 设置入点
14: 设置出点
15: 生成序列图像
16: 颠倒显示

图 4.3.3-1　单图分析界面

参数说明：

(1) 单窗口：对单个视频或图像进行分析；

(2) 双窗口：可对两个视频或图像进行比对分析，先单击选中播放窗口，再在素材管理区双击选择要打开的视频或图像；

(3) 截图：将当前显示画面截图保存到本地；

(4) ROI：实现感兴趣区域，也即 ROI 的绘制；

(5) 1:1 显示：可将对象恢复到原始的尺寸进行显示；

(6) 放大：实现对图像的放大，以便查看图像细节；

(7) 缩小：实现对图像的缩小，以便在图像区查看更全的图像信息；

(8) 关闭显示：关闭当前显示的视频或图像；

(9) 对比查看：实现原始图像与当前效果图同步缩放查看；

(10) 上一帧：查看上一帧图像；

(11) 播放/暂停：对视频或序列图像进行播放、暂停操作；

(12) 下一帧：查看下一帧图像；

(13) 设置入点：将当前时间线设置为感兴趣视频段的起始位置；

(14) 设置出点：将当前时间线设置为感兴趣视频段的结束位置；

(15) 生成序列图像：将选择的入、出点的视频转为序列图像保存到本地，保存格式为.seq；

(16) 颠倒显示：将视频上下颠倒显示。

2. 比对分析

1) 功能简介

该功能提供检材与样本的双窗口比对分析界面，每个窗口都支持鼠标滚轮放大、缩小，支持截图、ROI 操作。

2) 功能位置

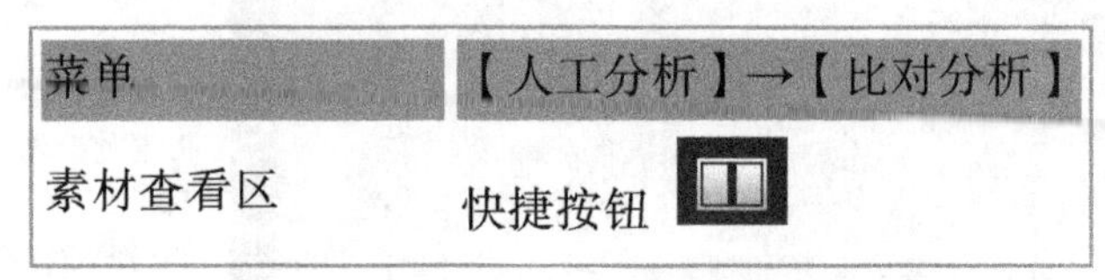

菜单	【人工分析】→【比对分析】
素材查看区	快捷按钮

3) 功能属性

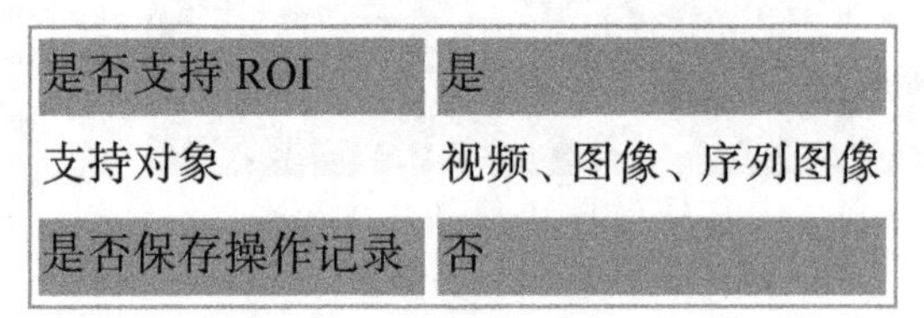

是否支持 ROI	是
支持对象	视频、图像、序列图像
是否保存操作记录	否

4) 功能界面(图 4.3.3-2)

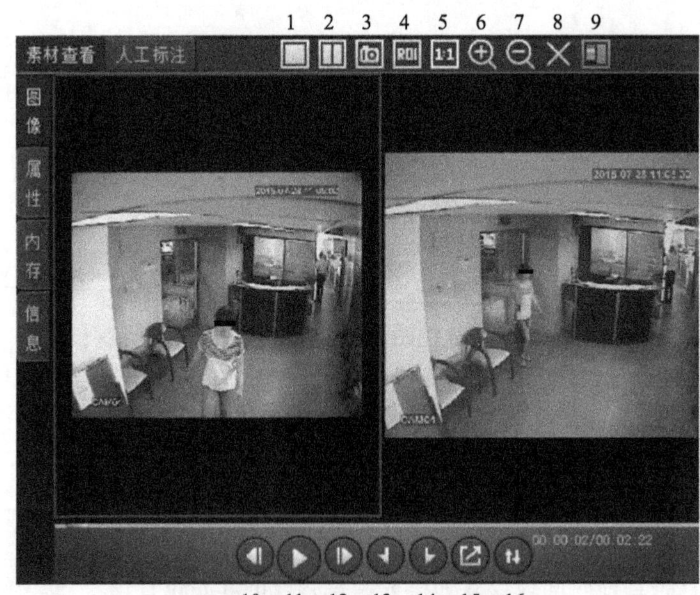

1: 单窗口
2: 双窗口
3: 截图
4: ROI
5: 1:1显示
6: 放大
7: 缩小
8: 关闭显示
9: 对比查看
10: 上一帧
11: 播放/暂停
12: 下一帧
13: 设置入点
14: 设置出点
15: 生成序列图像
16: 颠倒显示

图 4.3.3-2　比对分析界面

参数说明：

(1) 单窗口：对单个视频或图像进行分析；

(2) 双窗口：可对两个视频或图像进行比对分析，先单击选中播放窗口，再在素材管理区双击选择要打开的视频或图像；

(3) 截图：将当前显示画面截图保存到本地；

(4) ROI：实现感兴趣区域，也即ROI的绘制；

(5) 1:1显示：可将对象恢复到原始的尺寸进行显示；

(6) 放大：实现对图像的放大，以便查看图像细节；

(7) 缩小：实现对图像的缩小，以便在图像区查看更全的图像信息；

(8) 关闭显示：关闭当前显示的视频或图像；

(9) 对比查看：实现原始图像与当前效果图同步缩放查看；

(10) 上一帧：查看上一帧图像；

(11) 播放/暂停：对视频或序列图像进行播放、暂停操作；

(12) 下一帧：查看下一帧图像；

(13) 设置入点：将当前时间线设置为感兴趣视频段的起始位置；

(14) 设置出点：将当前时间线设置为感兴趣视频段的结束位置；

(15) 生成序列图像：将选择的入、出点的视频转为序列图像保存到本地，保存格式为.seq；

(16) 颠倒显示：将视频上下颠倒显示。

5) 操作说明

(1) 在菜单的【人工分析】中单击【比对分析】，或者在素材显示区单击双窗口快捷按钮，打开双窗口比对分析界面，如图4.3.3-2所示；

(2) 单击选择一个播放窗口，在素材管理区双击素材即可实现在窗口中显示。

3. 人工标注

1) 功能简介

该功能提供距离测量、角度测量工具，支持箭头、矩形、圆形、文字、折线等多种标绘方式标注目标。

2) 功能位置

素材查看区	人工标注

3) 功能属性

是否支持ROI	是
支持对象	视频、图像、序列图像
是否保存操作记录	是

4) 功能界面(图 4.3.3-3)

图 4.3.3-3　人工标注界面

参数说明：

(1) 标注工具栏：提供对图像标注的各种工具，包括箭头、圆形、矩形、线段、折线、文字，以及测量工具，包括距离测量和角度测量；

(2) 保存标注结果：将当前标注结果保存下来，可放入检验报告；

(3) 标注工具属性栏：调整标注工具的属性，包括颜色、线型和线宽；

(4) 窗口控制区：控制播放窗口，包括单窗口、双窗口、截图、ROI、放大、缩小、1:1 显示、关闭显示；

(5) 播放控制：控制播放的进度，可以设置入、出点和截图操作，仅当处理对象为视频或序列图像时出现。

5) 操作说明

(1) 在素材展示面板单击【人工标注】，打开标注界面；

(2) 在标注工具栏单击选择标注工具；

(3) 在标注工具属性栏里调整所需的颜色、线型和线宽；

(4) 单击鼠标左键在图像中进行标注；

(5) 标注完成后单击【保存标注】，则结果可保存至检验过程记录，最终可导出报告；

(6) 标注完成后可切换至【素材查看】面板继续使用其他方法处理。

4.3.4　视图

1. 卷宗资源面板

1) 功能简介

该功能主要管理卷宗里的检材和样本，包括视频和图像，如打开、保存、删除等。

2) 功能位置

菜单	【视图】→【卷宗资源面板】

3) 功能界面(图 4.3.4-1)

图 4.3.4-1　卷宗资源面板界面

4) 操作说明

(1) 在菜单栏中【视图】下单击【卷宗资源面板】，当该项前出现√时表示打开卷宗资源面板；

(2) 在菜单栏中【视图】下再次单击【卷宗资源面板】，取消该项前的√即可关闭卷宗资源面板。

2. 导航\直方图面板

1) 功能简介

(1) 导航面板实现对对象视图的快速查看和变更，包括缩放观看、快速定位、信息查看等。

(2) 直方图面板用图形表示图像中不同亮度的像素分布情况。允许用户查看特定通道的直方图。另外，在此面板中还提供像素、数量、色阶、百分位、均值、偏差等信息。

2) 功能位置

菜单	【视图】→【导航\直方图面板】

3) 功能属性

是否支持 ROI	否
支持对象	视频、图像、序列图像
是否保存操作记录	否

4) 功能界面(图 4.3.4-2)

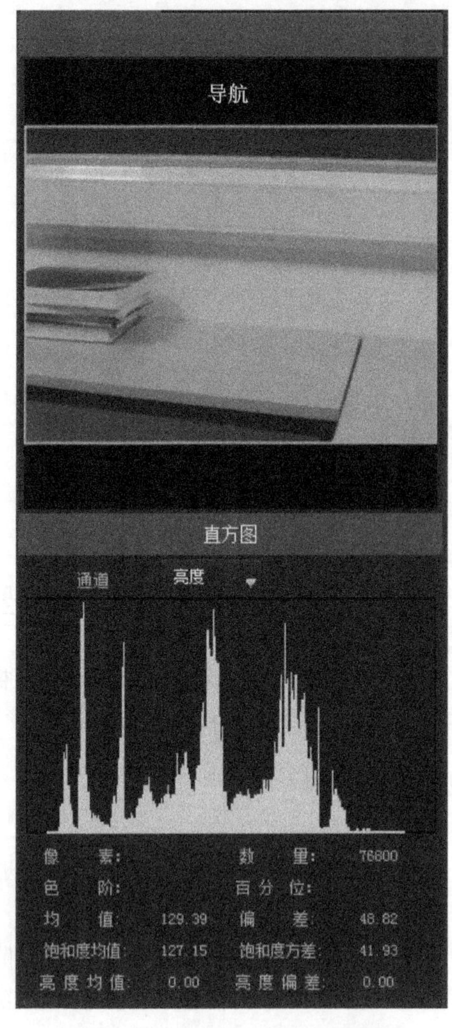

图 4.3.4-2　导航\直方图面板界面

参数说明：

A. 导航面板

导航面板中的方框，通过拖动该框可快速将图中的感兴趣区域显示在素材查看面板中。

B. 直方图面板

(1) 通道选择：提供图像颜色模式下的所有通道及亮度通道以供选择，例如，对于 RGB 图像，可选通道有 R、G、B 及亮度共四个通道，而对于灰度图，只显示亮度通道。

(2) 直方图：该功能面板的核心部分，显示指定通道下的直方图信息。其中横轴代表色阶，范围为 0～255，纵轴代表对应色阶下的像素数目。

(3) 像素：表示用于计算直方图的像素总数。

(4) 数量：表示当前鼠标位置的对应纵轴值。

(5) 色阶：显示当前鼠标位置的对应横轴值。

(6) 百分位：代表横轴值小于当前鼠标位置横轴值的像素总数，并与总像素数目求百分比。

(7) 均值：表示平均亮度值。

(8) 偏差：表示亮度值的变化范围。

3. 效果调整面板

1) 功能简介

该功能提供对视频或图像的效果调整方法，包括亮度、对比度调整，直方图调整，亮度曲线调整和空间域锐化。

(1) 亮度、对比度调整：用于对影像的色调范围进行简单的调整，会对每个像素进行相同程度的调整。

(2) 直方图调整：通过调整图像的上下边界来调整直方图，也可以对某一特定通道进行调整。

(3) 亮度曲线调整：通过更改曲线的形状从而改变图像的色调和颜色，也可以使用该功能对图像中的个别颜色通道进行精确调整。

(4) 空间域锐化：用于增强影像中的高频成分，显示更小的细节信息、更尖锐的对比度。

2) 功能位置

菜单	【视图】→【效果调整面板】

3) 功能属性

是否支持 ROI	是
支持对象	视频、图像、序列图像
是否保存操作记录	是

4) 功能界面(图 4.3.4-3)

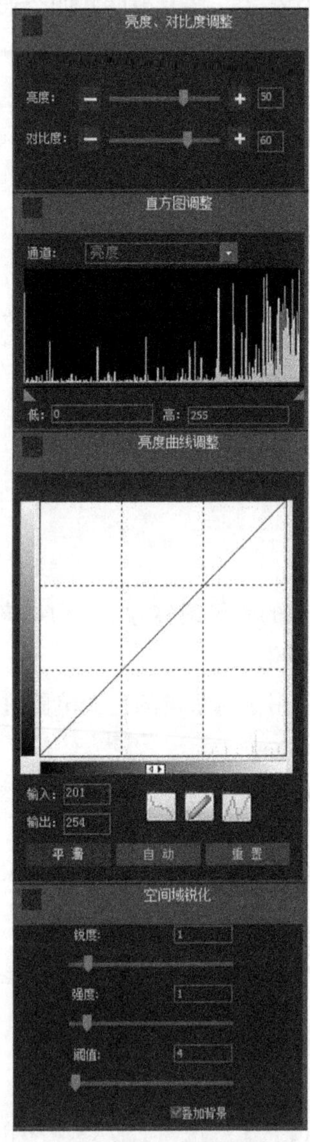

图 4.3.4-3　效果调整面板界面

参数说明：

使能控制：控制效果是否起作用，勾选操作。

5) 操作说明

(1) 在菜单栏中【视图】下单击【效果调整面板】，当该项前出现√时表示打开卷宗资源面板；

(2) 在菜单栏中【视图】下再次单击【效果调整面板】，取消该项前的√即可关闭卷宗资源面板。

4. 操作助手面板

1) 功能简介

该功能用于对当前启用功能进行介绍说明。在该面板中也可以从主目录开始一一浏览系统中的所有功能的帮助说明。

2) 功能位置

菜单	【视图】→【操作助手面板】

3) 功能属性

是否支持 ROI	否
支持对象	系统
是否保存操作记录	否

4) 功能界面(图 4.3.4-4)

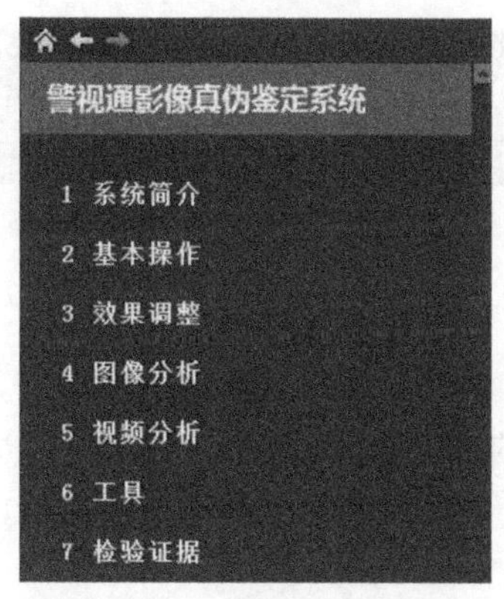

图 4.3.4-4　操作助手面板界面

参数说明：

(1) 返回主目录：令功能说明区显示帮助首页。

(2) 上一页：令功能说明区显示上一页内容。

(3) 下一页：令功能说明区显示下一页内容。

(4) 功能说明：显示帮助文档中对应于当前操作的内容。

5) 操作说明

(1) 在菜单栏中【视图】下单击【操作助手面板】，当该项前出现√时表示打开卷宗资源面板；

(2) 在菜单栏中【视图】下再次单击【操作助手面板】，取消该项前的√即可关闭卷宗资源面板。

5. 素材切换面板

1) 功能简介

该功能实现对图像序列对象区的快速功能切换。

2) 功能位置

菜单	【视图】→【素材切换面板】

3) 功能属性

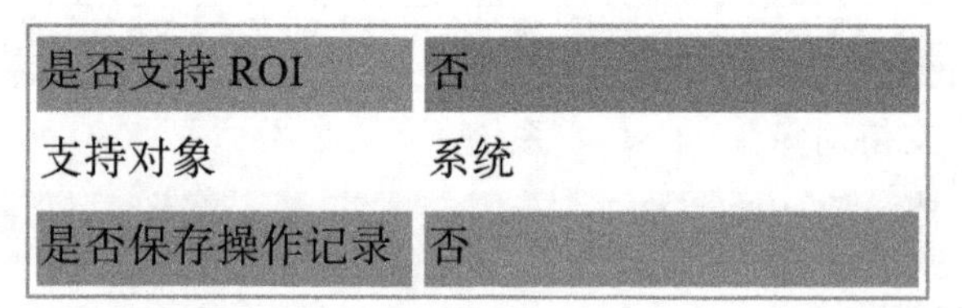

是否支持 ROI	否
支持对象	系统
是否保存操作记录	否

4) 功能界面(图 4.3.4-5)

图 4.3.4-5　素材切换面板界面

参数说明：

(1) 活动对象：当素材切换面板在活动对象状态时，在对象区中将显示所有打开视频、图像或序列图像的缩略图。

(2) 序列图像：当素材切换面板在序列图像状态时，将逐帧显示当前序列图像的缩略图。

5) 操作说明

(1) 在菜单栏中【视图】下单击【素材切换面板】，当该项前出现√时表示打开卷宗资源面板；

(2) 在菜单栏中【视图】下再次单击【素材切换面板】，取消该项前的√即可关闭卷宗资源面板。

4.3.5 效果调整

1. 亮度、对比度调整

1) 功能原理

合成图像为了掩盖篡改操作，往往会对图像在 RGB 色彩空间中进行润色、涂抹等处理，这些处理会在图像上留下很难分辨的痕迹。由于这些篡改操作往往是在 RGB 色彩空间中进行的，在 RGB 色彩空间中不明显的痕迹经过图像增强、亮度反转操作或变换到其他色彩空间(如 HSV、LAB、YCbCr)后比较明显。因此，可以对图像进行增强或变换到其他色彩空间，使得篡改痕迹暴露出来。该功能用于对影像的色调范围进行简单的调整，会对每个像素进行相同程度的调整。

2) 主要应用

检测两幅不同色调、亮度图像之间的篡改。

3) 功能位置

菜单	【效果调整】→【亮度、对比度调整】

4) 功能属性

是否支持 ROI	是
是否支持遍历	否
支持对象	图像、序列图像
是否保存操作记录	是

5) 功能界面(图 4.3.5-1)

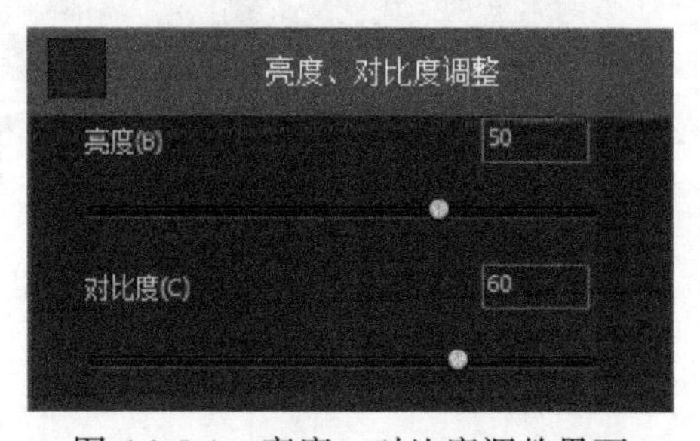

图 4.3.5-1　亮度、对比度调整界面

参数说明：

(1) 亮度：可单独调影像的亮度，可调范围为−127～126，滑块往右滑变亮，

往左滑变暗。

(2) 对比度：可单独调影像的对比度，可调范围为−127～126，滑块往右滑对比度增大，往左滑对比度减小。

6) 操作说明

选中打开素材后，在右侧单击【调整】，切换至效果调整模块，然后选择想要使用的调整方法，将该方法勾选即可，如图 4.3.5-2 所示。

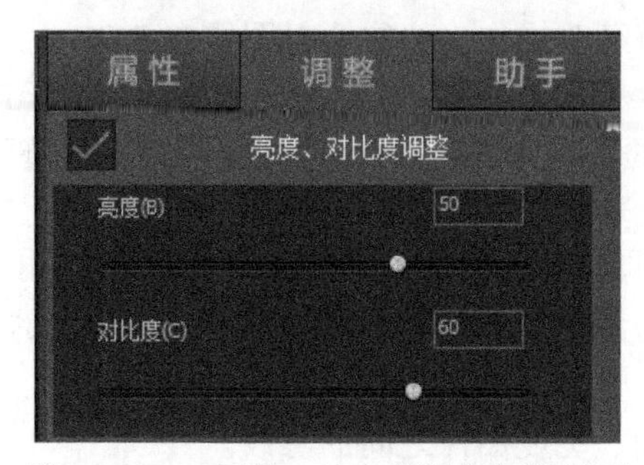

图 4.3.5-2　亮度、对比度调整勾选界面

7) 应用案例

图 4.3.5-3 中，原图像上的面部器官与其影子的相对位置不好判断。经过对比度增强后(图 4.3.5-3(b))，亮暗对比就更为直观地展现出来，可看到身体部分光线位于左侧，而脸部光线位于右侧，因此可以判定图像有很大概率为合成图像。

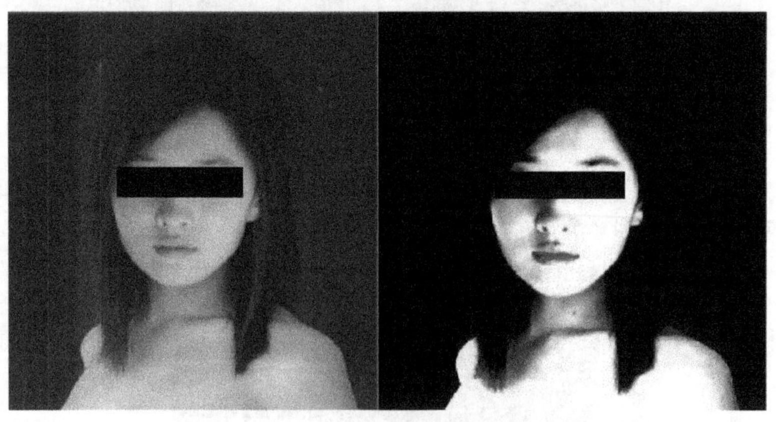

(a) 原图　　(b) 亮度、对比度调整后

图 4.3.5-3　亮度、对比度调整前后对比

2. 直方图调整

1) 功能简介

该功能通过调整图像的上下边界来调整直方图，也可以对某一特定通道进行调整。

2) 功能位置

菜单	【效果调整】→【直方图调整】

3) 功能属性

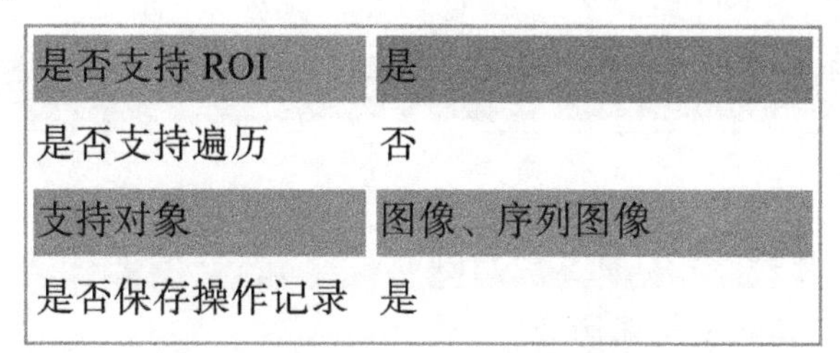

是否支持 ROI	是
是否支持遍历	否
支持对象	图像、序列图像
是否保存操作记录	是

4) 功能界面(图 4.3.5-4)

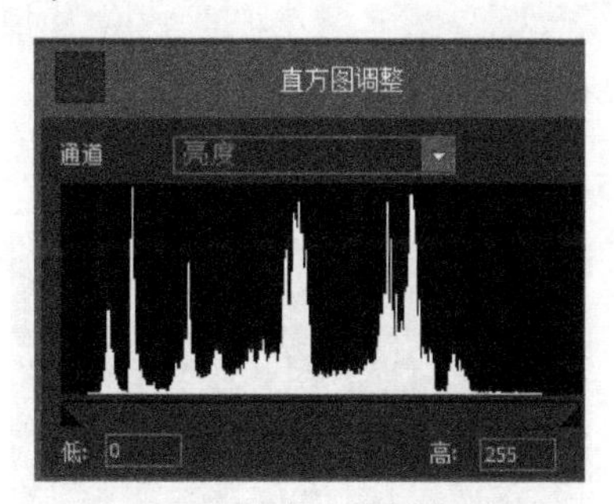

图 4.3.5-4　直方图调整界面

参数说明：

(1) 通道：图像的色彩通道，默认为亮度通道。

(2) 低：图像在当前通道下的最低亮度值。

(3) 高：图像在当前通道下的最高亮度值。

5) 操作说明

选中打开素材后，在右侧单击【调整】，切换至效果调整模块，然后选择想要使用的调整方法，将该方法勾选即可，如图 4.3.5-5 所示。

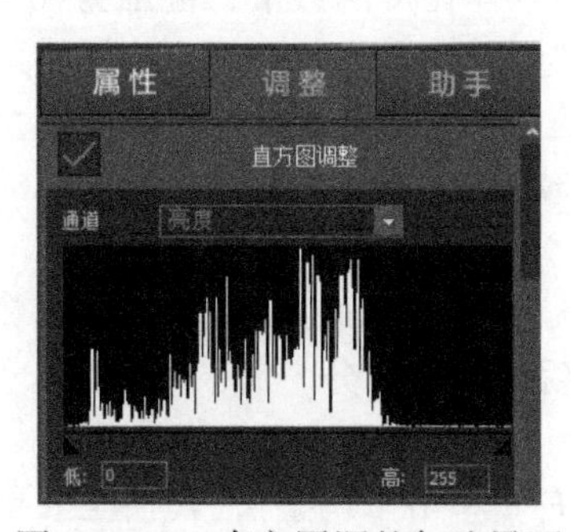

图 4.3.5-5　直方图调整勾选界面

3. 空间域锐化

1) 功能简介

该功能用于增强影像中的高频成分，显示更小的细节信息、更尖锐的对比度。

2) 功能位置

菜单	【效果调整】→【空间域锐化】

3) 功能属性

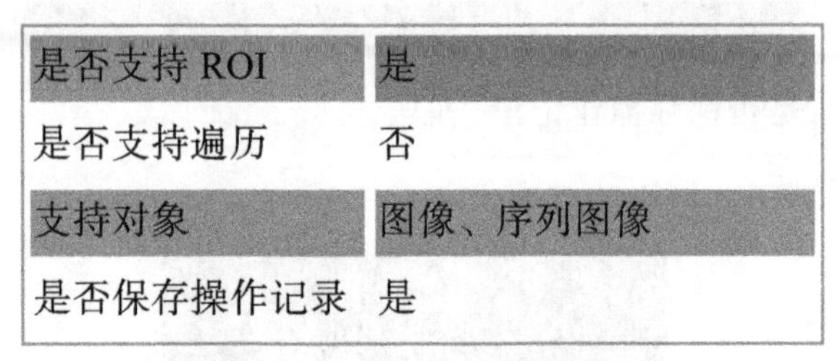

是否支持 ROI	是
是否支持遍历	否
支持对象	图像、序列图像
是否保存操作记录	是

4) 功能界面(图 4.3.5-6)

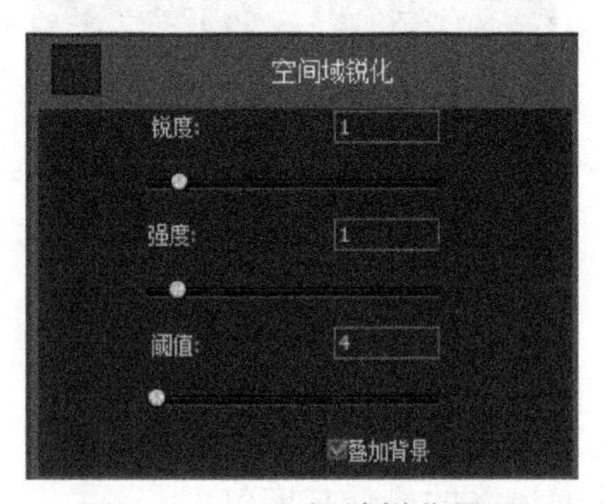

图 4.3.5-6　空间域锐化界面

参数说明：

(1) 锐度：确定边缘像素周围影响锐化的像素数目，范围为 0～10，该值越大，边缘效果的范围越广，锐化也就越明显，缺省值为 1。

(2) 强度：确定增加像素对比度的数量，范围为 0～10，该值越大，对比度越高，影像越尖锐，缺省值为 1。

(3) 阈值：确定锐化的像素必须与周围区域相差多少才被看成边缘像素并被锐化，范围为 0～255，该值越大，被锐化的像素就越少，锐化效果越不明显，值为 0 将锐化所有像素。

(4) 叠加背景：勾选该项，则界面左侧将实时显示锐化作用后的效果图，否则将只显示原影像中被锐化后的高频部分。

5) 操作说明

选中打开素材后，在右侧单击【调整】，切换至效果调整模块，然后选择想要使用的调整方法，将该方法勾选即可，如图 4.3.5-7 所示。

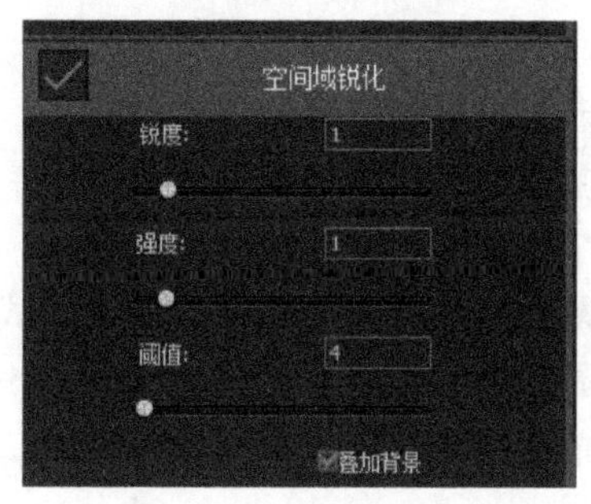

图 4.3.5-7　空间域锐化勾选界面

4. 亮度曲线调整

1) 功能简介

该功能通过更改曲线的形状从而改变图像的色调和颜色，也可以对图像中的个别颜色通道进行精确调整。

2) 功能位置

菜单	【效果调整】→【亮度曲线调整】

3) 功能属性

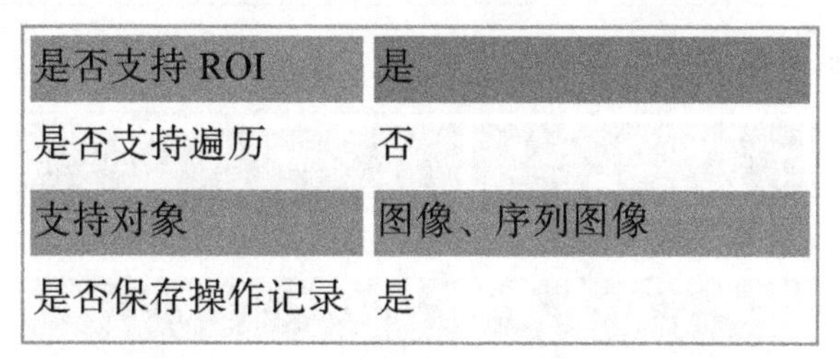

是否支持 ROI	是
是否支持遍历	否
支持对象	图像、序列图像
是否保存操作记录	是

4) 功能界面(图 4.3.5-8)

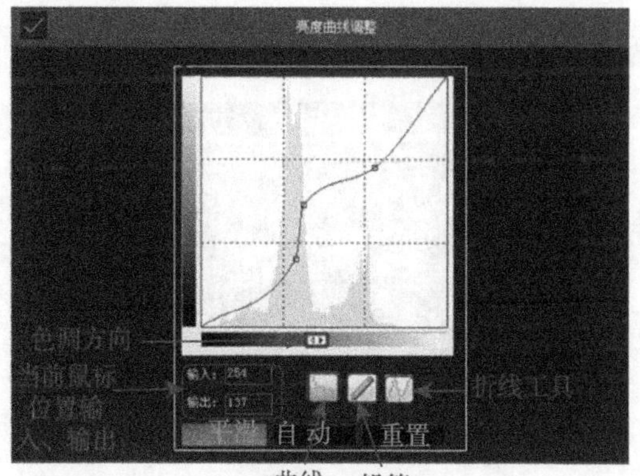

图 4.3.5-8　亮度曲线调整界面

参数说明：

(1) 色调方向：设定曲线横轴变换的方向。

(2) 输入：鼠标所在位置的原始亮度值。

(3) 输出：鼠标所在位置的调整后亮度值。

(4) 曲线工具：将亮度曲线以连续光顺的曲线方式进行调整。

(5) 铅笔工具：由鼠标任意绘制亮度曲线。

(6) 折线工具：将亮度曲线以折线方式进行调整。

5) 操作说明

选中打开素材后，在右侧单击【调整】，切换至效果调整模块，然后选择想要使用的调整方法，将该方法勾选即可。

5. 颜色空间转换

1) 功能简介

该功能通过将图像转换到HSV或YCrCb色彩空间中，使得篡改痕迹可以暴露出来。

2) 功能位置

菜单	【效果调整】→【颜色空间转换】

3) 功能属性

是否支持ROI	是
是否支持遍历	否
支持对象	图像、序列图像
是否保存操作记录	是

4) 功能界面(图4.3.5-9)

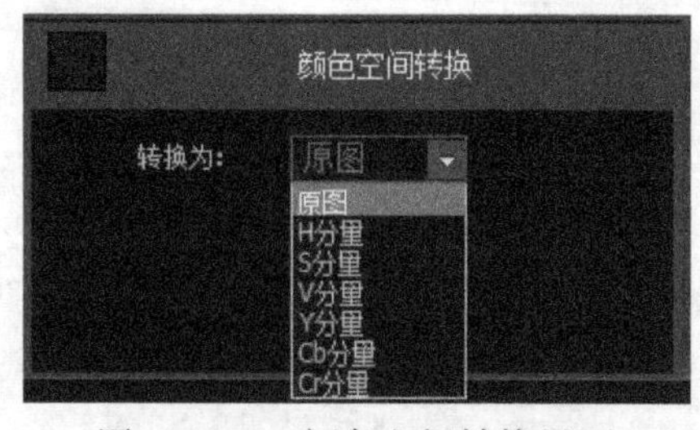

图4.3.5-9　颜色空间转换界面

参数说明：

(1) HSV：HSV模型中颜色的参数分别是色调(hue)、饱和度(saturation)、亮度

(value)。

(2) YCrCb：YCrCb 即 YUV，其中 Y 表示明亮度(luminance 或 luma)，也就是灰阶值；而 U 和 V 表示的则是色度(chrominance 或 chroma)，作用是描述影像色彩及饱和度，用于指定像素的颜色。"色度"则定义了颜色的两个方面——色调与饱和度，分别用 Cr 和 Cb 来表示。其中，Cr 反映了 RGB 输入信号红色部分与 RGB 信号亮度值之间的差异，而 Cb 反映了 RGB 输入信号蓝色部分与 RGB 信号亮度值之间的差异。

5) 操作说明

选中打开素材后，在右侧单击【调整】，切换至效果调整模块，然后选择想要使用的调整方法，将该方法勾选即可。

6. 直方图均衡化

1) 功能简介

该功能是把原始图像的灰度直方图从比较集中的某个灰度区间变成在全部灰度范围内的均匀分布，从而加大前景和背景灰度的差别，以达到增强对比度的目的。系统提供了全局均衡和局部细化两种方法。

2) 功能位置

菜单	【效果调整】→【直方图均衡化】

3) 功能属性

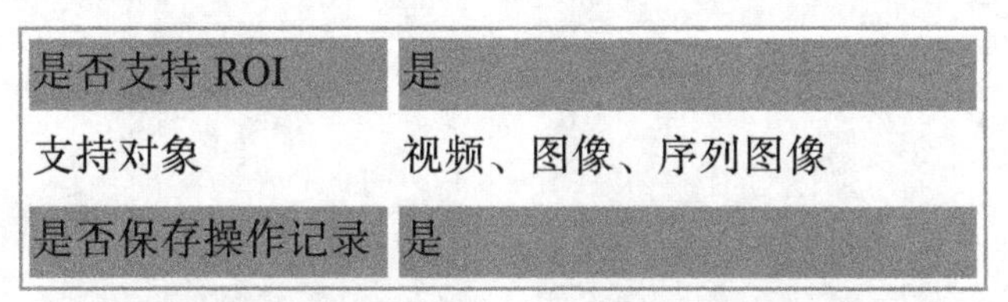

是否支持 ROI	是
支持对象	视频、图像、序列图像
是否保存操作记录	是

4) 功能界面(图 4.3.5-10)

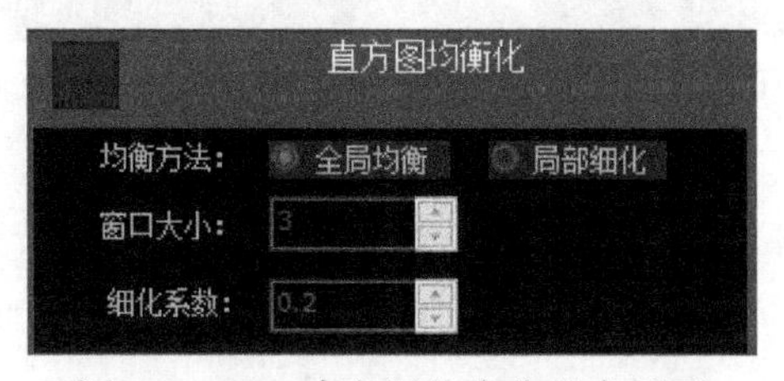

图 4.3.5-10　直方图均衡化基本界面

方法解释：

(1) 全局均衡：适应性全局对比度增强，用于将图像中的对比度拉伸至给定的亮度概率。

(2) 局部细化：对图像采用窗口滑动，自适应计算每个窗口中用于对比度拉伸的映射函数，进行局部均衡化，从而保留更多局部细节，使细节更突出。

参数说明：

(1) 窗口大小：滑动窗口的边长，窗口越小，细节越突出。取值范围为 1～11。

(2) 细化系数：表示细化的程度，值越大，细节越突出。取值范围为 0～1。

窗口大小和细化系数只有在选中“局部细化”方法时才可使用。

5) 操作说明

选中打开素材后，在右侧单击【调整】，进入效果调整模块，然后选择想要使用的调整方法，将该方法勾选即可，如图 4.3.5-11 所示。

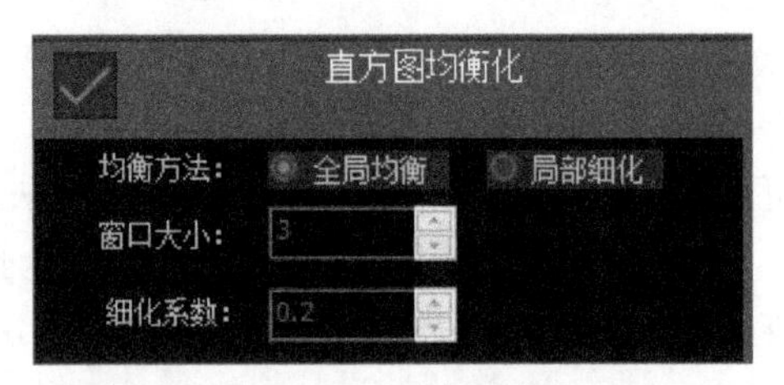

图 4.3.5-11　直方图均衡化勾选界面

6) 示例(图 4.3.5-12)

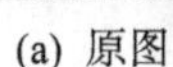
(a) 原图　　(b) 直方图均衡化后

图 4.3.5-12　直方图均衡化处理结果对比

4.3.6　图像篡改检验方法

1. 查看 MD5 值

1) 功能简介

MD5 值又称哈希值：消息摘要算法第 5 版，是计算机广泛使用的杂凑算法之一(又译为摘要算法、哈希算法)，为计算机安全领域广泛使用的一种散列函数，用以提供消息的完整性保护。

2) 操作说明

选择要查看的素材，切换至属性面板查看 MD5 值。

2. 光照一致性

1) 功能原理

光照环境在成像过程中扮演着非常重要的角色，光源的颜色、照度、方向直接影响着成像结果。当对多幅成像条件不同的图像进行合成的时候，很难保证合成图像中的光照环境是全局一致的，光照环境不一致是揭示图像篡改的有力证据。光源为远距离光源，物体表面为朗伯凸表面，即漫反射凸表面，此时可通过形状已知的物体上阴影线来估计光线在成像平面上的投影方向。如果在同一幅照片中，通过对不同物体上阴影线估计得到的光线在成像平面上的投影方向具有明显差异，则可以断定当前图像为篡改图像。

2) 功能应用

通过查看不同物体光照方向是否相同，检测图像是否存在篡改。

3) 功能位置

菜单	【图像分析】→【光照一致性】

4) 功能属性

是否支持 ROI	否
是否支持遍历	否
支持对象	图像
是否保存操作记录	是

5) 功能界面(图 4.3.6-1)

图 4.3.6-1　光照一致性界面

6) 操作说明

需要用户对图像中存在的物体边界进行描迹，软件会根据用户描迹和图像信息估算图像中的光源位置，从而给出光线方向，该方法适用于图像中没有明显物体影子的情况。

选择相应的图片素材后，单击【图像分析】，在下拉菜单中选择【光照一致性】；单击【绘制光照边缘】，在中间素材区对相应的部分进行光照边缘绘制，单击【执行】，单击【确定】后，该检测结果会提交到证据展示中。图 4.3.6-2 中，两个物体的光源方向不一致，表明该图存在篡改可能。

图 4.3.6-2　光照一致性结果(后附彩图)

7) 注意事项

(1) 光照一次性分析可以执行多条光照边缘设置，生成多次结果；

(2) 勾画物体边缘时，顺时针勾画，画线区域最好在迎光侧，画线范围尽量覆盖物体轮廓(画线可分多段进行)；

(3) 光线方向与物体颜色无关；

(4) 不太适用于边缘是直线、边缘不清晰、不光滑的图像；

(5) 无法辨别光线方向，从内到外或从外到内。

3. 二次 JPEG 压缩

1) 功能原理

一幅图像经过两次或多次 JPEG 压缩，直接观察图像或许毫无分别，但内部某些信息存在丢失。经过二次 JPEG 压缩的图像在其频率域内会留下明显的特征，其频率域内生成的直方图具有明显的周期特征(图 4.3.6-3(a))，图 4.3.6-3(b)为未经二次

JPEG 压缩的图像在其频率域内生成的直方图。软件对图像的频率域的特征进行分析，可以判定图像是否存在二次压缩。

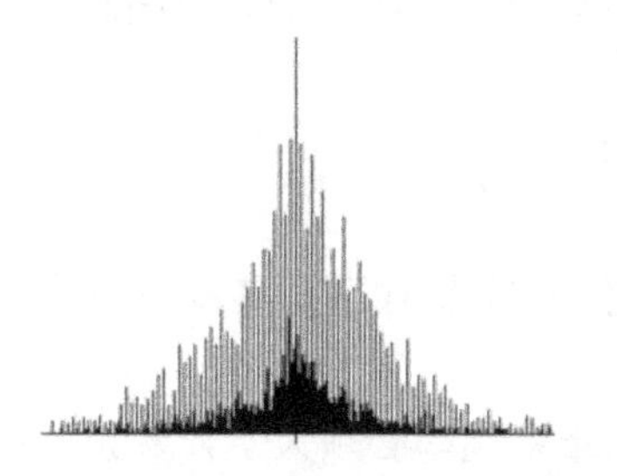

(a) 经过二次 JPEG 压缩的直方图

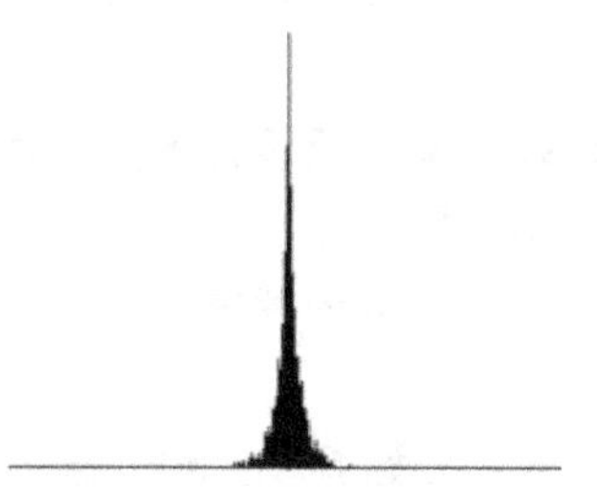

(b) 未经二次 JPEG 压缩的直方图

图 4.3.6-3　压缩曲线对比图

2) 功能应用

用于检测经过两次或多次 JPEG 压缩的图像。

3) 功能位置

菜单	【图像分析】→【二次 JPEG 压缩】

4) 功能属性

是否支持 ROI	否
是否支持遍历	否
支持对象	图像
是否保存操作记录	是

5) 功能界面(图 4.3.6-4)

图 4.3.6-4　二次 JPEG 压缩界面

参数说明：

(1) 开始频率：JPEG 图像中包含不同频率下的 DCT 系数，DCT 系数直方图统计的是某一频率下的 DCT 系数，因此，可以设置所统计的频率的起始值，即开始频率。

(2) 结束频率：所统计的频率的结束值。

6) 操作说明

(1) 选择相应的图片素材后，单击【图像分析】，在下拉菜单中选择【二次 JPEG 压缩】；

(2) 设置“开始频率”和“结束频率”(结束频率必须大于开始频率)，单击【执行】按钮，生成相应的结果数据；

(3) 单击【确定】后，该检测结果会提交到证据展示中。

注：

(1) 单击【重置】按钮，可以将频率调整至初始状态；

(2) 单击【确定】后，该检测结果会提交到证据展示中；

(3) 单击【平铺显示】，可以调整直方图的显示；

(4) 单击【压缩区域推测图】，可以查看篡改的推测区域。

7) 应用案例

图 4.3.6-5 中，检测出原图的 DCT 系数直方图存在二次压缩特性，有篡改的可能。

(a)原图

(b)二次 JPEG 压缩结果图

图 4.3.6-5　二次 JPEG 压缩处理结果(后附彩图)

4. 景深差异判别

1) 功能原理

该功能用于检测图像中同景深物体的模糊核是否相近。一般情况下，人工模糊和图像成像时的自然模糊在模糊类型、模糊核大小上是不同的。利用景深关系检验，在一幅图像中，同一景深的物体模糊度和模糊类型应该一致。

2) 功能应用

用于判断图像中同景深物体的模糊核类型和模糊度。

3) 功能位置

菜单	【图像分析】→【景深差异判别】

4) 功能属性

是否支持 ROI	否
是否支持遍历	否
支持对象	图像
是否保存操作记录	是

5) 功能界面(图 4.3.6-6)

图 4.3.6-6　景深差异判别界面(后附彩图)

6) 操作说明

(1) 选择相应的图片素材后，单击【图像分析】，在下拉菜单中选择【景深差异判别】；

(2) 单击【绘制 ROI】，选择想要检测的 ROI，单击【执行】，获得相应的结果；

(3) 单击【确定】按钮，该检测结果会提交到证据展示中。

7) 应用案例

图 4.3.6-7 中，选择同景深的 3 个 ROI，分别计算模糊核。从图中右侧结果区可以看出，A 与 C 模糊核相同，B 的模糊核与 A、C 明显不同，违背同一相机同一

次拍摄时同景深模糊核应该一致的原理，所以该图像存在篡改的可能。

图 4.3.6-7　景深差异判别处理结果(后附彩图)

8) 注意事项

(1) 景深差异判别可以执行多处 ROI 的绘制，生成多个结果；

(2) 对于清晰、无模糊的图像不适用；

(3) 对于图像中不同景深的物体模糊核相同与否，不适用；

(4) ROI 至少为 120 × 120；

(5) 至少选择两个 ROI 对比才有意义。

5. 非同图拷贝粘贴检测——重采样

1) 功能简介

该功能用于检测非同图拼接后，对篡改部分有拉伸或旋转等操作带来的影响。当对不同图像之间的内容进行拷贝和粘贴时，由于尺寸等原因，不可避免地会对待拷贝图像进行缩放、旋转等操作，这时会用到图像的插值算法。图像的插值算法会改变图像中相邻像素点之间的相关性，因此，采用重采样检测技术可以检测出相邻像素点之间的相关性会具有一定的周期性，从而可以用来判定图像中是否存在拷贝-拼接的内容。

2) 功能应用

用于检测同一幅图像中来源于不同图像之间内容的篡改信息。

3) 功能位置

菜单	【图像分析】→【非同图拷贝粘贴检测】→【重采样】

4) 功能属性

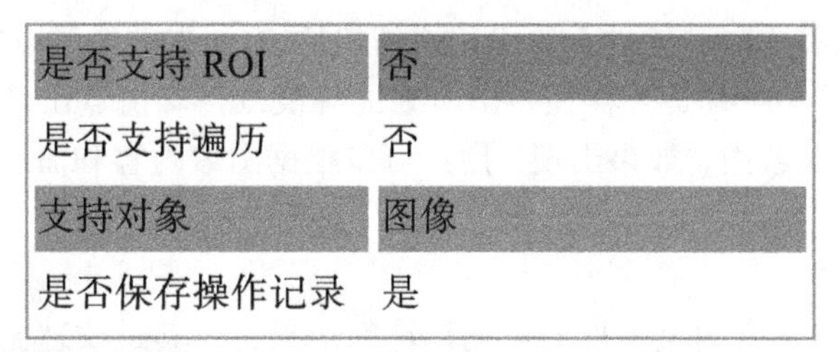

是否支持 ROI	否
是否支持遍历	否
支持对象	图像
是否保存操作记录	是

5) 功能界面(图 4.3.6-8)

图 4.3.6-8　重采样界面(后附彩图)

参数说明：

(1) 分块大小：待检测区域的大小。

(2) 阈值：算法的检测敏感程度。数值越大，敏感度越低，误检率越低，漏检率越高；数值越小，敏感度越高，误检率越高，漏检率越低。

6) 操作说明

基本操作流程——自采样：

(1) 选择相应的图片素材后，单击【图像分析】，在下拉菜单中选择【非同图拷贝粘贴检测】，在右侧单击【重采样】；

(2) 设置 Block 值(200 之内)和阈值(2～5)，然后单击【执行】，获取相应的结果；

(3) 单击【确定】按钮，该检测结果会提交到证据展示中。

基本操作流程——手动模式：

(1) 设置 Block 值，然后调整黄色选择区域大小，并移动矩形区域，观察右侧结果变化；

(2) 单击【确定】按钮，该检测结果会提交到证据展示中。

当采用自采样时，软件会对图像像素点的值进行分析，并给出疑似篡改区域。

当采用手动模式时，软件会给出用户指定的 ROI 内的像素点的相关性曲线(两条)，用户需要观察曲线是否存在一个单独的峰值点，峰值点出现的位置一般位于曲线右侧的平滑区域内，如果出现，用户可以根据图像内容和曲线形态对图像是否存在篡改进行判定。

7) 注意事项

(1) 图像内容本身的相关性会影响计算的结果，尤其是纹理比较丰富的图像；

(2) 图像中的噪声会影响相关性计算。

6. 非同图拷贝粘贴检测——CFA

1) 功能原理

图像传感器本身只能完成光电转换而无法分辨颜色，数字相机通常采用 CFA 来实现彩色输出。CFA 的主要作用是让每个像素只感受单一颜色的光线，最终重新组合出彩色的图像。不同成像设备所使用的 CFA 和插值算法不同，造成了不同设备所获得的图像中，每个像素与其周围像素的相关性具有明显的差异。因此，对于经过拼接篡改的图像，通过像素间的相关性检测，然后利用分类算法对图像中具有不同相关性的像素进行分类，即可检测出是否存在拼接篡改操作和篡改的区域。

该功能用于检测不同来源相机(相机采用 CFA 插值)拍摄的图像拼凑出来的篡改图像。不同相机的滤色片的排列顺序、参数不同，CFA 插值具有特殊性。因此，可以通过检测图像的 CFA 插值特性，来判断图像是否由不同相机拍摄的多幅图像拼接而成。

2) 功能应用

用于检测不同拍摄来源的非同图拷贝粘贴篡改。

3) 功能位置

菜单	【图像分析】→【非同图拷贝粘贴检测】→【CFA】

4) 功能属性

是否支持 ROI	否
是否支持遍历	否
支持对象	图像
是否保存操作记录	是

5) 功能界面(图 4.3.6-9)

图 4.3.6-9　CFA 界面

参数说明：

灰度阈值：像素点间相关性的阈值，小于此阈值被认为是篡改区域。

6) 操作说明

(1) 选择相应的图片素材后，单击【图像分析】，在下拉菜单中选择【非同图拷贝粘贴检测】，在右侧单击【CFA】；

(2) 单击【执行】按钮，获取图像像素间相关性的灰度图；

(3) 在右侧灰色区域，选择灰度值较低点，单击【下一步】，获取相应的结果。

7) 应用案例

图 4.3.6-10 中，被检测图的相关性灰度图中右侧儿童脸部较暗，单击【下一步】，检测到右侧儿童脸部区域有篡改可能。

(a) 原图

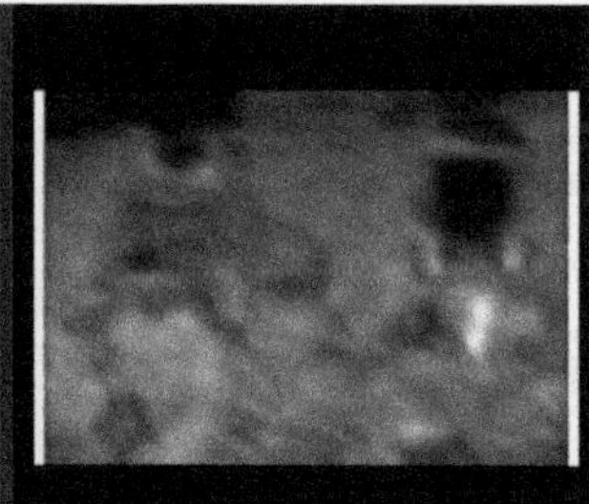

(b) 相关性灰度图

(c) 检测区域结果

图 4.3.6-10　CFA 检测结果

8) 注意事项

(1) 同型号的相机拍摄图像进行篡改后，无法使用此方法检测。

(2) 图像中纹理比较平滑的区域，其概率图的相关性也比较差，表现为灰度值较低。

7. 同图拷贝粘贴检测——DCT 检测

1) 功能简介

由于同幅图像的亮度、色彩一般不会有明显的变化，因此在同一幅图像中进行复制粘贴操作不容易引起人们视觉上的怀疑，这一类篡改由于篡改拼接区域不明显，很难被察觉。但是，完整复制一个区域的内容，遮挡同图像的其他区域，两个区域的特征点应有比较高的相似性。该算法遍历图像中每个 8×8 的小块，将小块内的图像数值进行离散余弦变换(DCT)，根据 DCT 后的系数对每一个块进行排序，排序相近的块具有较高的相似性。通过比较每个小块 DCT 系数之间的相似性来检测图像中是否存在拷贝粘贴的内容。

2) 功能应用

该功能用于检测同图拷贝粘贴篡改图像。

3) 功能位置

菜单	【图像分析】→【同图拷贝粘贴检测】→【DCT 检测】

4) 功能属性

是否支持 ROI	否
是否支持遍历	否
支持对象	图像
是否保存操作记录	是

5) 功能界面(图 4.3.6-11)

图 4.3.6-11　DCT 检测界面

参数说明：

(1) 邻域阈值：反映篡改区域的相似度，该值越小，要求篡改区域越相似，即越小可能会漏检，越大可能会误判。

(2) 偏移次数阈值：反映篡改区域的面积大小，比如 100，就要求篡改区域的面积必须大于 100 像素才会被检测到。

(3) 移动距离阈值：反映两块篡改区域之间的距离，比如 50，就要求两块篡改区域的距离在 50 像素以上，才会认为是篡改的。

6) 操作说明

(1) 选择相应的图片素材后，单击【图像分析】，在下拉菜单中选择【同图拷贝粘贴检测】，在右侧单击【DCT 检测】；

(2) 设置“邻域阈值”“偏移次数阈值”“偏移距离阈值”，然后单击【执行】按钮，获得相应的结果；

(3) 单击【确定】按钮，该检测结果会提交到证据展示中。

7) 应用案例

从图 4.3.6-12 中可以看出，被高亮显示的两个区域为特征相似区域，该图像有篡改可能。

图 4.3.6-12　DCT 检测结果(后附彩图)

8. 同图拷贝粘贴检测——SIFT 特征检测

1) 功能原理

在同一幅图像中复制粘贴物体而不是用背景来掩盖物体的篡改手段，为了掩人耳目或实际内容的需要，往往会将复制的物体进行缩放、旋转或仿射变换。复制区域经过旋转、缩放、仿射等变换后，SIFT 特征点仍能识别出相似特征点对。采用基于 SIFT 特征点的方法对图像中存在的相似性区域进行搜索和定位。该方法首先对图像中的 SIFT 特征点进行识别，然后对每一个特征点对之间的相似性进行计算，根据计算得到的相似性，对图像是否存在篡改进行判定。该方法主要用于检测同图内复制粘贴并进行缩放、旋转等篡改的图像。

2) 功能应用

该功能应用于检测同图拷贝粘贴的篡改，支持复制区域旋转、缩放和仿射等变换。

3) 功能位置

菜单	【图像分析】→【同图拷贝粘贴检测】→【SIFT 特征检测】

4) 功能属性

是否支持 ROI	否
是否支持遍历	否
支持对象	图像
是否保存操作记录	是

5) 功能界面(图 4.3.6-13)

图 4.3.6-13　SIFT 特征检测界面

参数说明：

(1) 显示连线：显示相似特征点之间的连线。

(2) 10%～100%：这个数字是要显示的特征点的数量，用户要预先设置一个初值。

6) 操作说明

(1) 选择相应的图片素材后，单击【图像分析】，在下拉菜单中选择【同图拷贝粘贴检测】，在右侧单击【SIFT 特征检测】；

(2) 单击【执行】按钮，获得相应的结果；

(3) 调节参数，观看可疑区域变换，显示连线，可观看可疑区域间相似的特征点匹配数量；

(4) 单击【确定】按钮，该检测结果会提交到证据展示中。

7) 应用案例

图 4.3.6-14 的检测结果中，用方框圈住高亮显示的区域为疑似篡改区域，而背景安全区域会用较暗的图来显示。

(a) 原图　　(b) SIFT 特征检测结果图

图 4.3.6-14　SIFT 特征检测结果

8) 注意事项

(1) 需要调整参数到合适的位置，参数较小时检出的区域比较少，如果有被篡改的区域，一般能被检出来；参数慢慢调大时，检出的区域会变多，可能会误检。

(2) 对于篡改物体缩放及旋转尺度过大的、背景相似度较高的图片，有可能检测不出。

(3) 镜像翻转的篡改操作，不适用。

9. 边缘模型检测

1) 功能原理

同一幅图像里，同景深拍摄的物体，其边缘的模糊类型和模糊度应近似一致，若有较大差别，则有篡改的可能。该功能用于检测图像中同景深下的物体边缘模糊核差异情况。边缘模型检测可以判别图像中物体轮廓边缘信息的模糊度，如果对于同景深下的两个物体，计算出的边缘模糊核不同，说明图像存在篡改的可能性。

2) 功能应用

用于检测同景深下物体边缘的模糊度。

3) 功能位置

菜单	【图像分析】→【边缘模型检测】

4) 功能属性

是否支持 ROI	否
是否支持遍历	否
支持对象	图像
是否保存操作记录	是

5) 功能界面(图 4.3.6-15)

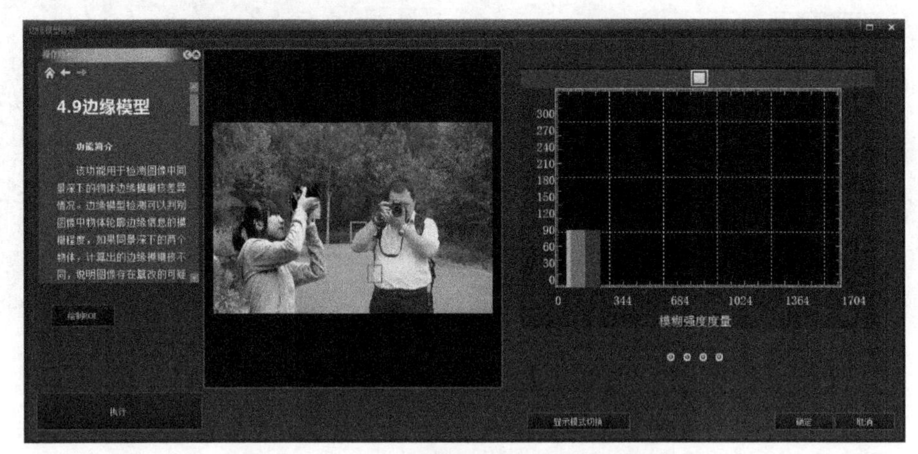

图 4.3.6-15　边缘模型检测界面(后附彩图)

参数说明：

(1) X 轴：模糊度度量。

(2) Y 轴：具有相同模糊度的像素点的数量。

6) 操作说明

(1) 选择相应的图片素材后，单击【图像分析】，在下拉菜单中选择【边缘模型检测】；

(2) 选取物体边缘处 ROI，然后单击【执行】按钮，获得相应 ROI 内的边缘信息；

(3) 调节 “起始阈值”“截止阈值”，直至 ROI 内仅保留强边缘信息；

(4) 选择“擦除工具”调整画笔的粗细，将不想要的边缘线信息擦除，然后单击【下一步】，获得相应的模糊核统计图；

(5) 选择同景深下另一物体，进行第(2)～(4)步操作；

(6) 单击【确定】按钮，该检测结果会提交到证据展示中。

7) 注意事项

(1) 边缘处纹理信息丰富，无法提取强边缘信息的图像，边缘模型检测不适用，误检率高；

(2) 若模糊核相同，不同颜色的线是重叠在一起的。

10. 噪声一致性检测

1) 功能原理

该功能可以通过图像中相似颜色区域的噪声分布情况对篡改的区域进行判断，如果在同一素材中，一部分噪声分布较为密集，一部分噪声分布较为稀疏，说明图像存在篡改的可能性。

系统提供 7 种滤波方法：高斯混合模型滤波、BM3D 滤波、冲击滤波、偏微分方程滤波、小波软阈值滤波、自适应陷波、自适应中值滤波，且支持统计 ROI 内的噪声水平。

2) 功能应用

检测一幅图像中颜色相近的区域的噪声分布情况是否一致。

3) 功能位置

菜单	【图像分析】→【噪声一致性检测】

4) 功能属性

是否支持 ROI	否
是否支持遍历	否
支持对象	图像
是否保存操作记录	是

5) 功能界面(图 4.3.6-16)

图 4.3.6-16　噪声一致性检测界面

参数说明：

0～255：这个数字调整噪声分布的密度。

6) 操作说明

(1) 选择相应的图片素材后，单击【图像分析】，在下拉菜单中选择【噪声一致性检测】；

(2) 在左下角【检测算法类型】中选择相应的滤波方法，然后单击【执行】按钮，获得相应的噪声分布情况，通过【0～255】调整噪声分布的密度，查看被篡改的区域；

(3) 用户可通过 ROI 绘制感兴趣区域，系统会自动计算 ROI 内的噪声均值、方差及峰值；

(4) 单击【确定】按钮，该检测结果会提交到证据展示中。

7) 应用案例

图 4.3.6-17 中，通过比对噪声分布图中两个人脸和头发区域，可以发现，在颜色接近的人脸以及头发区域内，具有不同的噪声水平，可以认定该图像中两个人脸区域不是一次拍摄完成的，具有拼接篡改的可能。

图 4.3.6-17　噪声一致性检测结果(后附彩图)

8) 注意事项

原图是否压缩、对图像的缩放和保存时选择的 JPEG 压缩质量因子会对噪声有一定的影响，对一幅图像采用单一方法处理，对噪声一致性检测的结果影响不大；但在一幅图像中多种降质因素同时存在时，会影响噪声一致性的效果。

11. 透视关系检测

1) 功能简介

透视关系检测功能提供了一系列可以用于分析图像中是否存在不符合透视规律的功能，包括绘制线段、计算消失点、绘制辅助线、绘制异常区域、重置。该功能主要是一种人工方法，通过画一些辅助线来确定消失点，如果不是一个消失点，说明图像存在篡改的可能性；另外还有一些经验型的判断，比如通过画辅助线，发现图像中的人物大小存在问题，说明图像存在篡改的可能性。

2) 功能应用

通过绘制辅助线自动计算消失点，进而分析图像中的透视关系是否符合透视规律。

3) 功能位置

菜单	【图像分析】→【透视关系检测】

4) 功能属性

是否支持 ROI	否
是否支持遍历	否
支持对象	图像
是否保存操作记录	是

5) 功能界面(图 4.3.6-18)

图 4.3.6-18　透视关系检测界面(后附彩图)

参数说明：

(1) 绘制线段：可以绘制线段。

(2) 计算消失点：计算各个线段的消失点。

(3) 绘制辅助线：添加辅助线。

(4) 绘制异常区域：绘制异常的区域。

(5) 重置：重置图像上所有信息。

6) 操作说明

(1) 计算消失点：选择检材，单击菜单栏【图像分析】→【透视关系检测】，绘制平行线，计算消失点(图 4.3.6-18 中绿线相交处)；

(2) 绘制目标 A 的透视辅助线，如图 4.3.17 中红线所示；

(3) 绘制目标 B 同景深所处的线，如图 4.3.17 中蓝色直线 C 所示；

(4) 线段 D 为目标 A 在景深 C 处的理论身高；

(5) 线段 E 为目标 B 在景深 C 处的身高；

(6) 比较线段 D 与线段 E，参考目标 A 与目标 B 的实际身高，推测画面中目标存在的真实性。

7) 注意事项

被检测目标要在图像中显示完整(能完整看到头顶和脚底)。

12. 十六进制文件格式分析

1) 功能原理

通过将文件内容以十六进制地址和内容进行显示，可以根据文件地址查找相应的存储内容，还可以在不同文件中比较字节上的差异。

2) 功能应用

该功能主要应用于有样本的情况下，以十六进制数显示文件，包含文件地址及其对应的十六进制数；以十六进制字符串形式显示文件。通过比较检材和样本在字节上的差异来判断图像是否经过篡改。

3) 功能位置

内存	十六进制文件格式分析

4) 功能属性

支持对象	图像

5) 功能界面(图 4.3.6-19)

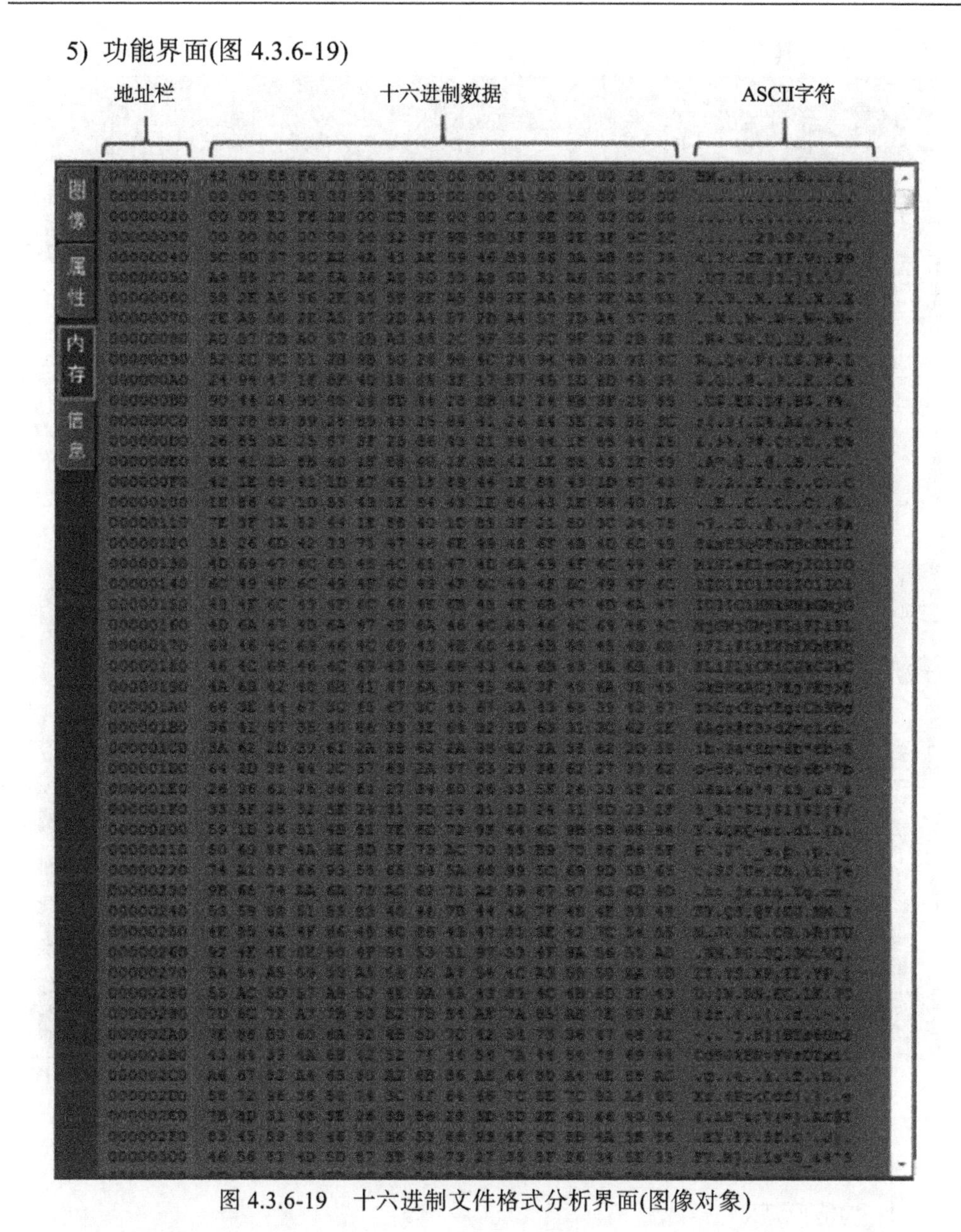

图 4.3.6-19　十六进制文件格式分析界面(图像对象)

6) 操作说明

(1) 在双窗口下选择想要比较的样本和检材图像，单击【内存】，进入十六进制文件格式分析界面；

(2) 通过对样本与检材在字节上的差异来分析图像是否被篡改过。

7) 应用案例

图 4.3.6-20 中，检材与样本有差异的地方被标为红色字体，说明检材与样本不

一致，检材不具有原始性。

(a) 样本(原图)　　(b) 检材(二次 JPEG 压缩后图像)

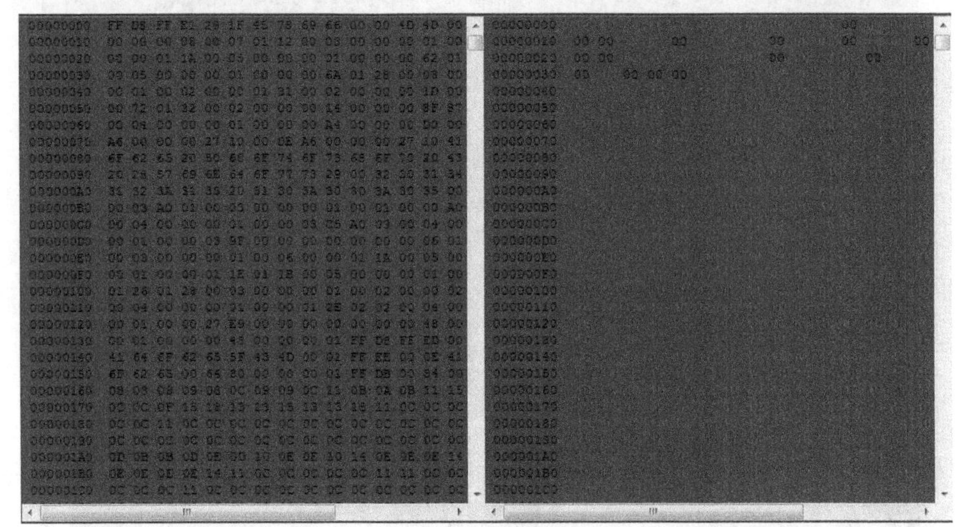

(c) 比对结果

图 4.3.6-20　十六进制文件格式分析比对界面(后附彩图)

13. ELAMAP 检测

1) 功能原理

ELAMAP 检测主要是计算 JPEG 图像与其重新 JPEG 编码后图像的差值。算法会选择不同的压缩质量因子(0～100)对检材进行再次 JPEG 压缩，然后与检材做差值比较(显示为结果图)，通过观察差值结果图的变化情况从而判断检材的压缩质量因子，并突出可疑的篡改区域。

2) 功能应用

该功能可以分析 JPEG 图像是否存在量化差异。如果一幅图像存在拼接、润饰篡改，图像中的不同部分就会存在量化差异，通过进行 ELAMAP 检测可以将这种差异体现出来。

3) 功能位置

菜单	【图像分析】→【ELAMAP】

4) 功能属性

是否支持 ROI	是
支持对象	图像
是否保存操作记录	是

5) 功能界面(图 4.3.6-21)

图 4.3.6-21　ELAMAP 检测界面(图像对象)

6) 操作说明

(1) 选择相应的图片素材后，单击【图像分析】，在下拉菜单中选择【ELAMAP】；

(2) 单击【执行】，获得相应的差值结果图；

(3) 单击【确定】按钮，该检测结果会提交到证据展示中。

注：此检测算法只对 JPEG 图像文件有效。

7) 应用案例

从图 4.3.6-22 中 ELAMAP 检测结果可以看到，原始图中拍照人站立的区域与背景区域具有明显的差异，因而该区域篡改的可能性极大。

图 4.3.6-22　ELAMAP 检测结果

14. JPEG ghost 检测

1) 功能原理

该功能通过计算图像与其不同压缩质量因子(0～100)的 JPEG 压缩图像之间的差值平均值，显示图像的 JPEG ghost 曲线，从而检测图像是否经过二次 JPEG 压缩。根据曲线局部最小值可推测 JPEG 图像压缩时的压缩质量因子。

2) 功能应用

JPEG ghost 可以检测图像在生成过程中存在一次压缩编码还是多次压缩编码。

3) 功能位置

菜单	【图像分析】→【JPEG ghost】

4) 功能属性

是否支持 ROI	是
支持对象	图像
是否保存操作记录	是

5) 功能界面(图 4.3.6-23)

图 4.3.6-23　JPEG ghost 检测界面(图像对象)

参数说明：

(1) 横轴：表示再次压缩的质量因子；

(2) 纵轴：表示原图像与压缩后图像的差值。

6) 操作说明

(1) 选择相应的图片素材后，单击【图像分析】，在下拉菜单中选择【JPEG ghost 检测】；

(2) 单击【执行】，获得相应的 JPEG ghost 曲线；

(3) 单击【确定】按钮，该检测结果会提交到证据展示中。

注：此检测算法只对 JPEG 图像文件有效。

7) 应用案例

可以看到，图 4.3.6-24 中 JPEG ghost 结果曲线具有多个局部最小值，因此该图像经过多次 JPEG 压缩。

图 4.3.6-24　JPEG ghost 检测结果

15. DCTMAP 检测

1) 功能原理

该功能通过计算每幅图像中 8×8 块图像的 DCT 系数非零值的平均值，根据 JPEG 压缩栅格不匹配来估算篡改区域。由于图像中的润饰区域的频域特性与其他区域存在差异，通过 DCTMAP 检测可以将这种差异体现出来。

2) 功能应用

DCTMAP 可以检测图像中是否存在润饰篡改。

3) 功能位置

菜单	【图像分析】→【DCTMAP 检测】

4) 功能属性

是否支持 ROI	是
支持对象	图像
是否保存操作记录	是

5) 功能界面(图 4.3.6-25)

图 4.3.6-25　DCTMAP 检测界面

6) 操作说明

(1) 选择相应的图片素材后，单击【图像分析】，在下拉菜单中选择【DACMAP 检测】;

(2) 单击【执行】，获得相应的 DCTMAP 图；

(3) 单击【确定】按钮，该检测结果会提交到证据展示中。

注：

(1) 此算法要求篡改前图像必须是 JPEG 格式，对篡改后图像的格式没有任何要求。

(2) 此检测算法对同图和非同图篡改都适用。

7) 应用案例

图 4.3.6-26 中，右侧儿童脸部的频域特征与图中其他地方有明显差异，该区域存在篡改嫌疑。

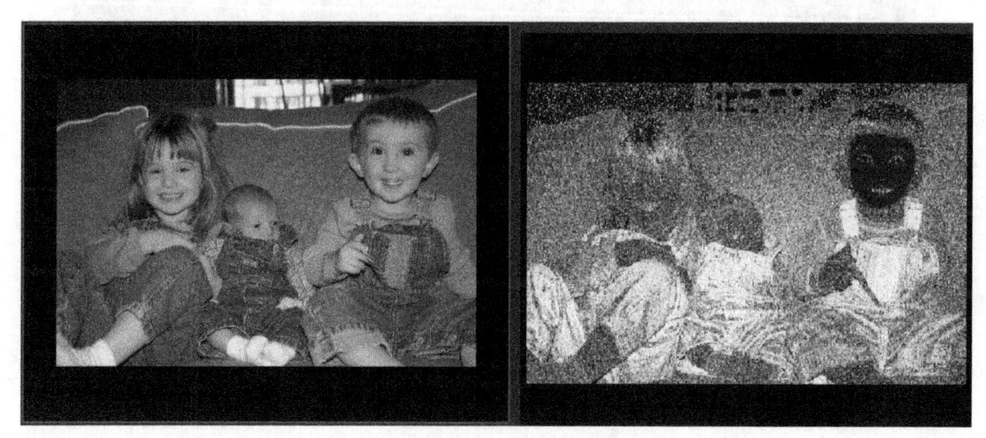

图 4.3.6-26　DCTMAP 检测结果

16. JPEG 文件分析和比对

1) 功能原理

JPEG 格式文件分为文件头、文件数据两部分，其中文件头内不同的存储位置上存储了不同的 JPEG 文件头的信息。通过对 JPEG 文件头的关键字进行分析，可以将 JPEG 文件头内存储的信息提取出来。这种方法可以更加细致深入地提取 JPEG 文件的信息并进行分析，从更深层次分析比较两个 JPEG 文件的差异。

2) 功能应用

用于查看 JPEG 格式文件结构，分析 JPEG 二进制文件各个关键字节的位置，给出关键字节的二进制地址和名称解释；提取并显示 JPEG 文件的赫夫曼表；提取 JPEG 文件的量化表，并给出兼容量化表的相机型号或软件名称。

3) 功能位置

信息	JPEG 文件信息查看

4) 功能属性

支持对象	JPEG 图像

5) 功能界面(图 4.3.6-27)

属性	键值	内容
Tag信息		
序号	地址	标记
00	00000000	SOI：Start of Image
01	00000002	APP1：EXIF
02	00002923	APP13：Application
03	000059e1	APP1：EXIF
04	0000681d	APP 2：Application
05	00007477	APP14：Application
06	00007487	DQT：Defined Quantization Table(s)
07	0000750d	SOF0：Start of Frame(Baseline DCT)
08	00007520	DRI：Define Restart Interval
09	00007526	DHT：Defined Huffman Table(s)
10	000076ca	SOS：Start of Scan
11	00037e1f	EOI：End of Image
图像量化表		
	标记段	内容
	QT 1	6 4 4 6 9 11 12 16 4 5 5 6 8 10 12 12 4 5 5 6 10 12 12 12 6 6 6 11 12 12 12 12 9 8 10 12 12 12 12 12 11 10 12 12 12 12 12 12 12 12 12 12 12 12 12 12 16 12 12 12 12 12 12 12 2879596 1503957052 2879268 788728090 788727808 1503957065 141125352 -541541171 -457386752 0 0 0 0 0 0 0 0 0 0 0 0 0 0 3617337

图 4.3.6-27　JPEG 文件信息查看界面(仅对 JPEG 图像对象)

6) 操作说明

(1) 选择想要查看的素材，单击【信息】，进入 JPEG 文件信息查看界面；

(2) 可以查看 JPEG 文件的 Tag 信息、量化表、赫夫曼表及其他附加信息。

17. 颜色空间显示

1) 功能原理

将 RGB 图像的每个像素点上的颜色信息映射到颜色空间中，获得图像在 RGB 空间中的展示结果，不同图像在 RGB 颜色空间中的分步具有明显的差异。篡改过的图像和未篡改过的图像在颜色空间的分布也具有差异。

2) 功能应用

该功能是将图像的每个像素点的颜色投影到颜色空间中，显示图像每个像素点在颜色空间中的分布。

3) 功能位置

菜单	【工具】→【颜色空间】

4) 功能属性

支持对象	图像
是否保存操作记录	是

5) 功能界面(图 4.3.6-28)

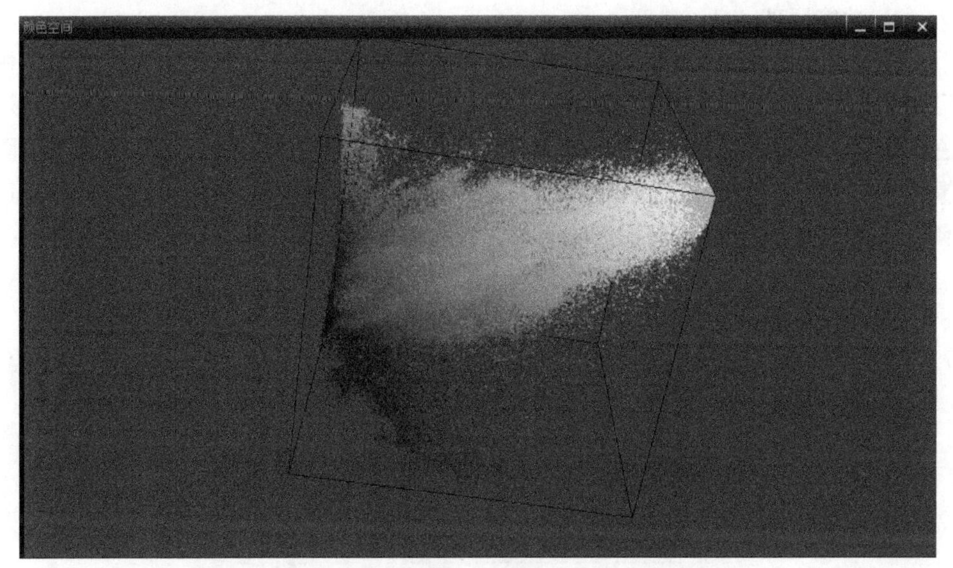

图 4.3.6-28　颜色空间界面(后附彩图)

6) 操作说明

(1) 选择相应的图像素材后，单击【工具】，在下拉菜单中选择【颜色空间】;

(2) 在【颜色空间】界面，可从各个角度查看该图像每个像素点在颜色空间中的分布。

7) 应用案例(图 4.3.6-29)

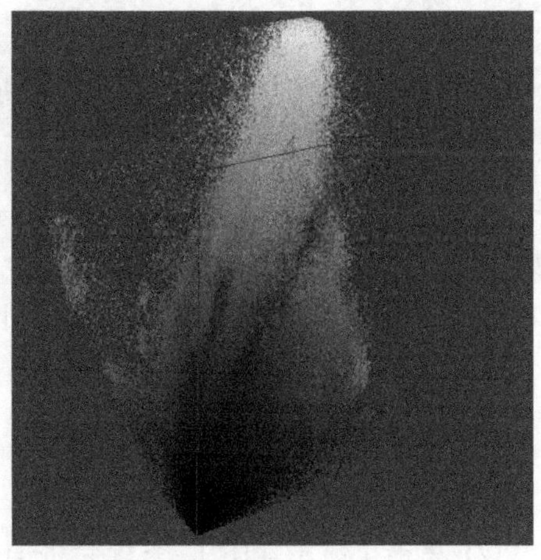

图 4.3.6-29　颜色空间显示结果(后附彩图)

18. 地图显示

1) 功能原理

Exif 信息是在 JPEG 格式头部插入了数码照片的信息，包括拍摄时的光圈、快门、白平衡、感光度 (ISO)、焦距、日期、时间等各种拍摄条件，相机品牌、型号、色彩编码、拍摄时录制的声音，以及 GPS 数据、缩略图等。经过编辑和篡改的图像在 Exif 信息中会留下痕迹。也可以根据拍摄地的实际情况分析拍摄内容是否经过篡改，有 GPS 定位的设备拍摄的照片，有地理位置记录，地图显示的功能在 Exif 信息中可查看到。

2) 功能应用

通过识别图片中内嵌的 GPS 信息，将图像的拍摄地点在百度地图上显示出来。

3) 功能位置

属性	【经纬度】→【显示地图】

4) 功能属性

支持对象	内嵌 GPS 信息的图像

5) 功能界面(图 4.3.6-30)

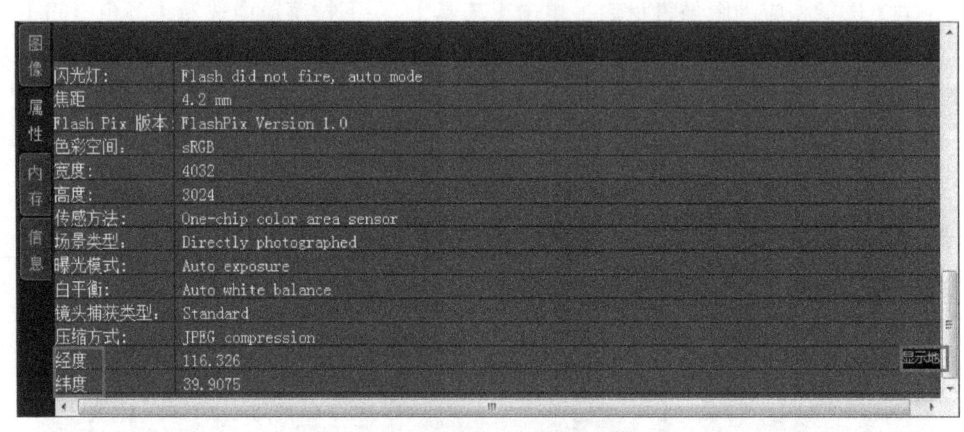

图 4.3.6-30　属性-经纬度查看界面

6) 操作说明

(1) 选中内嵌 GPS 信息的图像，单击【属性】，可查看该图像拍摄地的经纬度信息；

(2) 单击【显示地图】，系统会将拍摄图像的地点在百度地图上显示出来。

7) 应用案例(图 4.3.6-31)

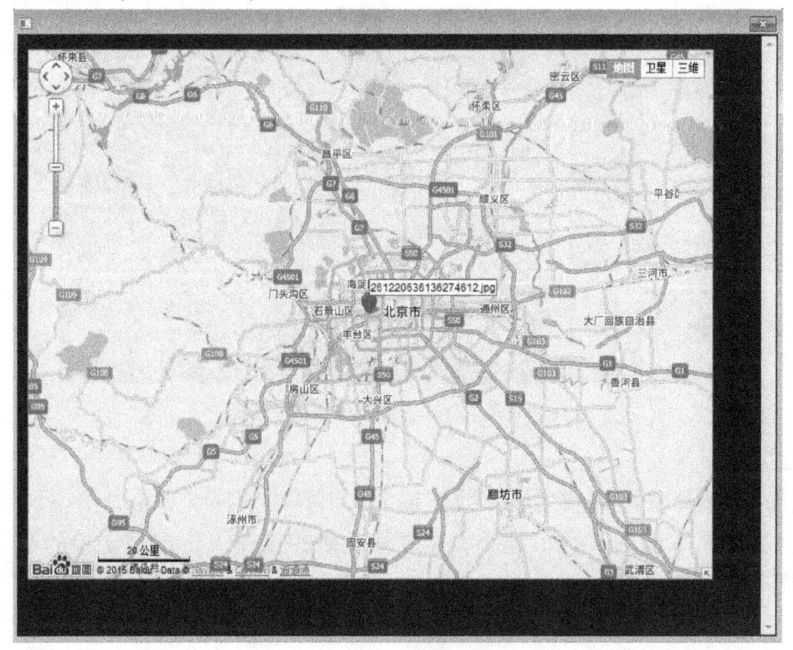

图 4.3.6-31　地图显示结果

4.3.7　视频分析

1. 相关性矩阵检测

1) 功能原理

相关性矩阵检测算法通过检测不同帧间的相似性，来检测视频中是否存在疑似帧拷贝粘贴的区域，主要用于检测视频中是否有整段复制、插帧的内容。本算法仅适用于同视频的篡改检测。

2) 功能应用

用于检测视频中是否有整段复制、插帧的内容。

3) 功能位置

菜单	【视频分析】→【相关性矩阵检测】
快捷键	无

4) 功能属性

是否支持 ROI	否
支持对象	视频、序列图像

5) 功能界面(图 4.3.7-1)

图 4.3.7-1　相关性矩阵检测界面

参数说明：

阈值: 设置算法检测敏感度。数值越大，则算法敏感度越小，出现误检的概率越小，漏检的概率越大；数值越小，则算法的敏感度越大，出现误检的概率越大，漏检的概率越小。

6) 操作说明

(1) 在检材/样本中选择相应的视频文件后，单击【视频分析】，然后单击【相关性矩阵检测】;

(2) 设置阈值，然后单击【执行】按钮，获得相应的结果；

(3) 单击【确定】按钮，该检测结果会提交到证据展示中。

7) 应用案例

图 4.3.7-2 中，相关性较高的区域在时间轴上被标记出来，单击色块，可以在两个窗口里分别播放两个时间段的视频进行比对。

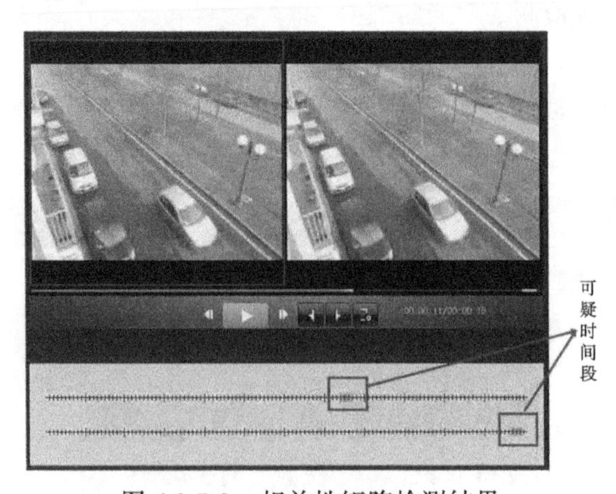

图 4.3.7-2　相关性矩阵检测结果

2. 帧间差异性检测

1) 功能原理

帧间差异性检测算法通过检测连续两帧图像之间的差异，输出帧间差异曲线，从而为用户快速定位篡改区域提供帮助。根据前后帧之间的差异检测视频中是否有插帧及删帧等造成内容突变的情况。

2) 功能应用

检测视频中是否有插帧及删帧等造成内容突变的情况。

3) 功能位置

菜单	【视频分析】→【帧间差异性检测】
快捷键	无

4) 功能属性

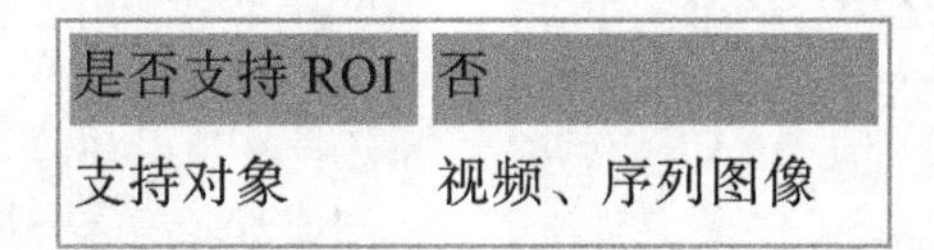

是否支持 ROI	否
支持对象	视频、序列图像

5) 操作说明

(1) 在检材/样本中选择相应的视频文件后，单击【视频分析】，然后单击【帧间差异性检测】;

(2) 单击【执行】按钮，获得相应的结果，鼠标滚轮可以调整结果 X 轴缩放的数值。

6) 应用案例

图 4.3.7-3 中，帧间差异曲线有突变，说明视频内容前后帧有极大差异，可以单击突变曲线，定位到该时间段的视频，播放查看视频内容变化。

图 4.3.7-3　帧间差异性检测结果

3. 时间标签连续性检测

1) 功能原理

时间标签连续性检测算法通过检测视频中的时间标签变化情况，统计视频的帧率曲线、平均帧率、最大帧率、最小帧率等指标，帮助用户对存在视频帧删除的区域进行快速定位。算法给出帧率曲线，通过观察图像突变波谷和波峰处视频，看是否有时间标签上的不连续。因视频本身的帧率并不是每秒稳定不变，可能会多或者少几帧，所以曲线有小幅波动属正常。图 4.3.7-4 中分别是正常的帧率曲线和不正常的帧率曲线。

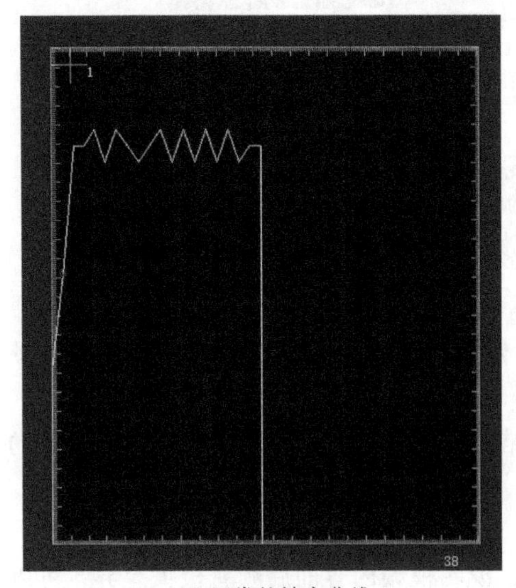

(a) 正常的帧率曲线

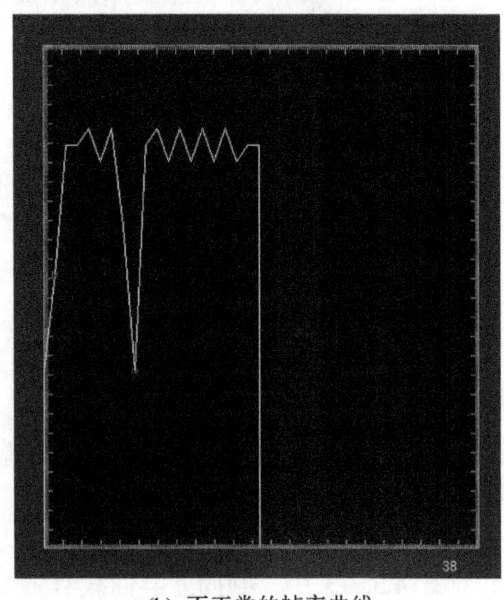

(b) 不正常的帧率曲线

图 4.3.7-4　帧率曲线对比图

2) 功能位置

菜单	【视频分析】→【时间标签连续性检测】
快捷键	无

3) 功能属性

是否支持 ROI	否
支持对象	视频、序列图像

4) 功能界面(图 4.3.7-5)

图 4.3.7-5 时间标签连续性检测界面

参数说明：

(1) 矩形框绘制：用矩形框住视频时间，包括时、分、秒。

(2) 时间分割线：将时间数字分割开的线。

(3) X 轴：视频时间线，每一点代表 1s。

(4) Y 轴：帧数。

5) 操作说明

(1) 在检材/样本中选择相应的视频文件后，单击【视频分析】，然后单击【时间标签连续性检测】;

(2) 选择矩形框框住视频中的时间部分(时：分：秒)，用时间分割线将时间的时、分、秒按每个数字进行分割；

(3) 单击【执行】按钮，获得相应的帧率曲线结果；

(4) 单击曲线，可定位到曲线对应时间段视频进行观察；

(5) 单击【确定】按钮，该检测结果会提交到证据展示中。

6) 应用案例

图 4.3.7-6 中，得到的帧率曲线有突变，在突变处的帧率曲线有波谷，说明在该时间段的帧率低于正常帧率，则该时间段有删帧嫌疑。可单击曲线定位到相应视频时间段观看视频内容是否存在异常。

4. 宏块数量检测

1) 功能简介

根据视频解码后的每一帧的宏块信息，统计视频的宏块数量曲线。根据曲线中是否存在异常突变判定视频是否存在删帧篡改。

图 4.3.7-6　时间标签连续性检测处理结果

2) 功能位置

菜单	【视频分析】→【宏块数量检测】

3) 功能属性

是否支持 ROI	否
支持对象	视频、序列图像

4) 功能界面(图 4.3.7-7)

图 4.3.7-7　宏块数量检测界面(后附彩图)

参数说明：

(1) 蓝色竖线：表示一个 GOP 周期；

(2) 蓝色曲线：表示 I 宏块数量曲线；

(3) 红色曲线：表示 B 宏块数量曲线。

5) 操作说明

(1) 选择相应的视频文件后，单击【视频分析】，然后单击【宏块数量检测】；

(2) 单击【执行】按钮，获得相应视频的宏块数量曲线结果；

(3) 观察曲线中是否存在异常突变来判断视频中是否存在删帧篡改；

(4) 单击【确定】按钮，该检测结果会提交到证据展示中。

6) 注意事项

(1) 此算法仅对可以获取图像解码信息的视频有效；

(2) 此算法不支持使用第三方编码器进行编码的视频；

(3) 此算法对于存在删帧的视频可以检测到异常突变。

7) 应用案例

在图 4.3.7-8 的宏块数量曲线中可以看到一段明显的异常区域，该区域与其他区域明显不同，因此该区域可能存在帧拷贝粘贴篡改。

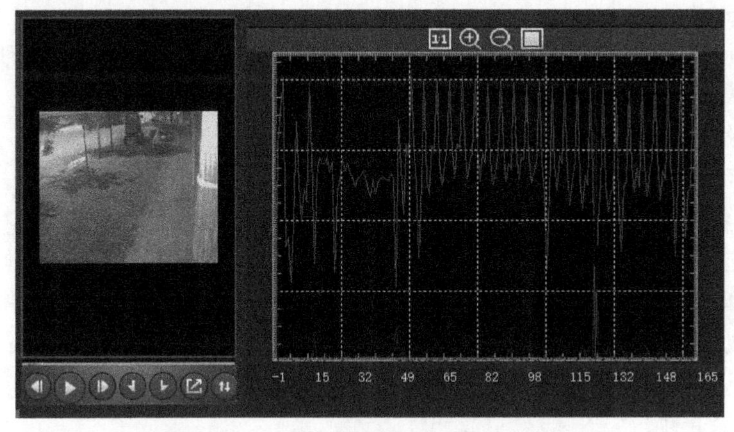

图 4.3.7-8　宏块数量检测结果(后附彩图)

5. 帧间运动向量检测

1) 功能简介

该功能通过分析连续两帧图像中的运动向量，统计运动向量曲线。根据运动向量曲线的异常突变判断视频是否存在篡改。

2) 功能位置

菜单	【视频分析】→【帧间运动向量检测】

3) 功能属性

是否支持 ROI	否
支持对象	视频、序列图像

4) 功能界面(图 4.3.7-9)

图 4.3.7-9 帧间运动向量检测界面(后附彩图)

参数说明：

(1) 横轴：横轴上的每个点代表 3 帧，根据具体视频的帧数来定横轴的坐标；

(2) 纵轴：表示帧间运动强度；

(3) 绿色曲线：表示水平方向上的运动向量；

(4) 蓝色曲线：表示垂直方向上的运动向量。

5) 操作说明

(1) 选择相应的视频文件后，单击【视频分析】，然后单击【帧间运动向量检测】；

(2) 单击【执行】按钮，获得相应视频的运动向量曲线；

(3) 观察曲线中是否存在异常突变来判断视频中是否存在删帧篡改；

(4) 单击【确定】按钮，该检测结果会提交到证据展示中。

6) 注意事项

对于存在删帧的视频，该算法可以检测到异常突变。

7) 应用案例(图 4.3.7-10)

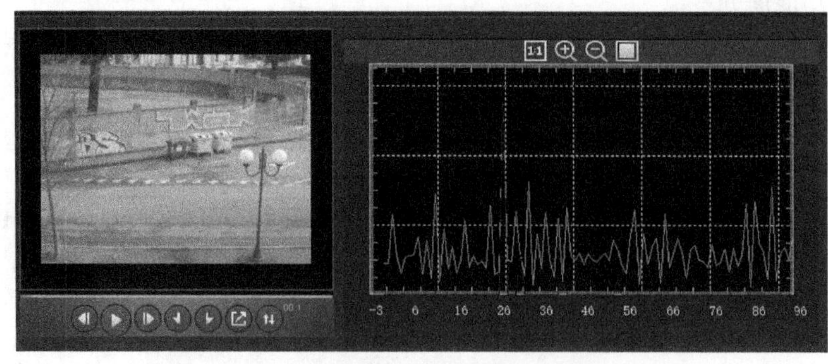

图 4.3.7-10 帧间运动向量检测结果(后附彩图)

4.3.8　检验证据

1. 案件信息

1) 功能简介

该功能可以记录委托鉴定信息，包括案件编号、案件名称、案件类别、发案时间、案件性质、案件状态、案件情况等。该记录可以自动保存在生成的检验鉴定文书里。

2) 功能位置

菜单	【编辑】→【案件信息】

3) 功能界面(图 4.3.8-1)

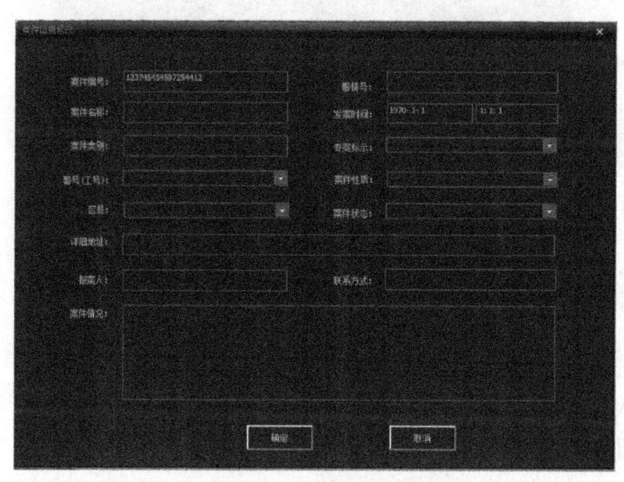

图 4.3.8-1　案件信息界面

4) 操作说明

(1) 单击【编辑】，在下拉菜单中选择【案件信息】，进入案件信息修改界面；

(2) 选择相应的案件信息进行修改，然后单击【确定】按钮即可。

2. 委托检验鉴定信息

1) 功能简介

该功能可以记录委托检验鉴定信息，包括委托单位、单位地址、电话、送检人、检材描述、鉴定人、职称等。该记录可以自动保存在生成的检验鉴定文书里。

2) 功能位置

菜单	【编辑】→【委托检验鉴定信息】
快捷键	无

3) 功能界面(图 4.3.8-2)

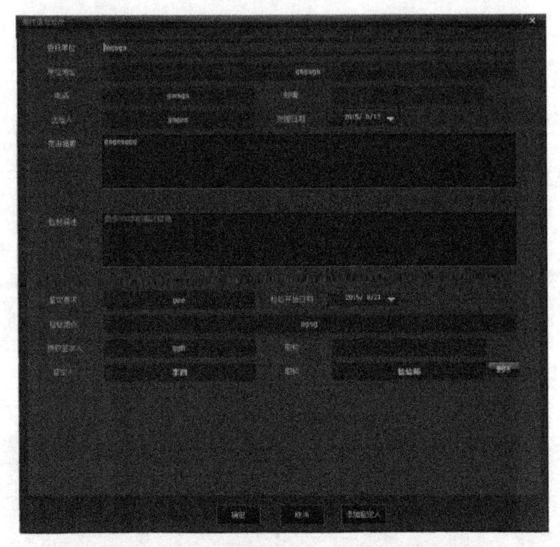

图 4.3.8-2　委托检验鉴定信息界面

参数说明：

(1) 委托单位：填写委托人所在单位的名称；

(2) 单位地址：填写委托人所在单位的地址；

(3) 电话：委托人的联系电话；

(4) 邮编：委托人所在地的邮编；

(5) 送检人：填写送检人的姓名；

(6) 受理日期：填写委托受理的日期；

(7) 案由摘要：填写案件的简要描述；

(8) 检材描述：填写对检材的简单描述及检验要求；

(9) 鉴定要求：填写对鉴定结果的要求；

(10) 检验开始日期：选择开始进行检验的日期；

(11) 检验地点：填写检验地点地址；

(12) 授权签字人：填写检验授权的人的姓名；

(13) 职称：填写授权签字人的职称；

(14) 鉴定人：填写鉴定人的姓名；

(15) 职称：填写鉴定人的职称；

(16) 删除：删除该鉴定人；

(17) 添加鉴定人：添加鉴定人。

4) 操作说明

(1) 单击【编辑】，在下拉菜单中选择【委托检验鉴定信息】；

(2) 输入相应的鉴定信息，然后单击【确定】按钮；

(3) 委托鉴定信息会自动保存到生成的检验鉴定文书里。

3. 检验结论

1) 功能简介

该功能可以填写针对该次检验的结论。

2) 功能位置

菜单	【编辑】→【检验结论】
快捷键	无

3) 功能界面(图 4.3.8-3)

图 4.3.8-3　检验结论界面

4) 操作说明

(1) 单击【编辑】，在下拉菜单中选择【检验结论】；

(2) 填写检验的结论，然后单击【确定】按钮；

(3) 检验结论会自动保存到生成的检验鉴定文书里。

4. 检验鉴定文书

1) 功能简介

该功能可以生成检验鉴定文书，保存为 Word 文档。生成的检验鉴定文书包括案件信息、委托检验鉴定信息、检验过程记录和检验结论。

2) 功能位置

菜单	【编辑】→【检验鉴定文书】
快捷键	无

3) 功能界面(图 4.3.8-4)

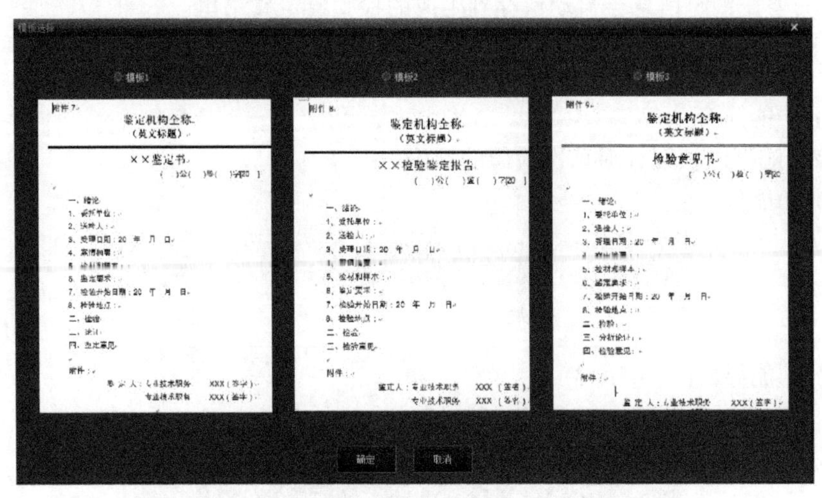

图 4.3.8-4　检验鉴定文书界面(后附彩图)

4) 操作说明

(1) 单击【编辑】，在下拉菜单中选择【检验鉴定文书】；

(2) 选择文书模板，然后单击【确定】按钮；

(3) 系统自动将报告保存为 Word 文档并打开。

5. 证据展示

1) 功能简介

该功能可以实现查看检验过程记录。检验的过程都将被记录下来，此功能可以查看每一步检验的结果，并对每一步结果添加分析意见，可以选择检验步骤，生成报告。

2) 功能位置

菜单	【证据展示】→【查看检验过程记录】
快捷键	无

3) 功能界面(图 4.3.8-5)

参数说明：

(1) 全选：选择全部检验过程的记录；

(2) 反选：反向选择检验过程的记录；

(3) 展开：展开显示全部检验过程的结果及信息；

(4) 收起：取消展开显示检验过程的结果及信息；

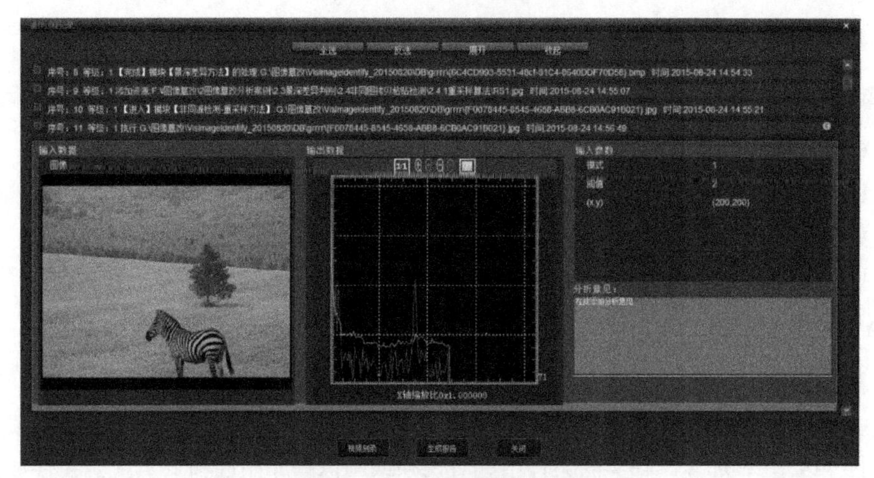

图 4.3.8-5　证据展示界面

(5) 下拉按钮：展开显示相应的检验过程的相应结果及信息；

(6) 视频刻录：将鉴定记录以视频的形式刻录到光盘中；

(7) 生成报告：生成相应的检测结果报告；

(8) 关闭：关闭操作过程记录对话框。

4) 操作说明

(1) 进行素材分析后，需要对结果进行查看，单击【证据展示】，单击【查看检验过程记录】；

(2) 选择想要添加意见的过程记录信息，使用下拉按钮展示该条记录的结果及信息，在右侧【分析意见】中添加相应意见即可；

(3) 添加完分析意见后，在左侧复选框中框选想要生成报告的记录，单击【生成报告】；

(4) 选择想要生成报告的模板，单击【确定】；

(5) 报告生成成功后，给出提示，单击【确定】按钮即可。

4.4　产 品 实 训

实验学时：11 学时

实验类型：综合设计性实验

4.4.1　实验目的

本实验是以警视通影像真伪鉴定系统为基础的实践性教学。在教师的指导下，以教师讲解和学生自主训练相结合的方式进行。培养学生利用软件进行视频或图像的鉴定和检验。要求学生掌握影像真伪鉴定的方法和软件操作流程，加强影像检验鉴定知识的训练，提高实践能力，尽快适应工作岗位的技能要求。

4.4.2 实验内容

(1) 掌握常见的数字影像篡改的几种手段和方法；

(2) 掌握数字影像文件分析方法(Exif 信息、十六进制格式)；

(3) 掌握数字图像的专用鉴定方法；

(4) 掌握数字视频的专用鉴定方法。

4.4.3 实验原理

随着数字技术的快速发展，视频和图像已经是案件侦破的重要手段。但是，计算机技术的发展使图像编辑越来越快捷便利，只要“神器”在手，人人都会对视频和图像进行“改造”，那么，在实际案件中，对视频或图像的原始性和真实性就会存疑。在视听资料可以作为证据的当下，对视频和图像的检验鉴定就成了必要的一步。

常见的图像篡改手段包括：拷贝粘贴、内容拼接、手工涂改、图像翻拍、二次压缩等。针对不同的篡改手段，需要采用不同的或者多种篡改识别技术进行识别，并对篡改区域进行定位。

警视通影像真伪鉴定系统是由北京多维视通技术有限公司依托视频侦查技术联合实验室，为公安、司法行业及相关领域量身打造的视频(图像)真伪性检验鉴定分析的专业工具。

警视通影像真伪鉴定系统针对常见的视频(图像)篡改手段，从视频或图像的成像设备、环境、图像特征等条件分析，提供光照一致性检测、景深差异判别、重采样、DCT 检测、SIFT 特征检测等图像检验方法，以及时间标签连续性检测、帧间相关性检测、帧间差异性检测等视频检验方法进行篡改检验。可直接记录检验结果，生成检验报告。

1. 原始性鉴定

在软件中打开篡改图像，使用原始性鉴定的几种常见方法对图像进行原始性检验鉴定，在警视通影像真伪鉴定系统中，常用的原始性鉴定的方法有：属性(Exif)信息查看、查看 MD5 值、二次 JPEG 压缩、十六进制文件查看、PRNU 检测。

1) 属性(Exif)信息查看

查看当前打开视频或图像对象的一些基本属性信息和 Exif 信息。当素材查看面板打开两幅视频(图像)时，可对比查看两个视频(图像)的属性，相同部分用绿色标注。

2) 查看 MD5 值

MD5 又称哈希值，即消息摘要算法第 5 版，是计算机广泛使用的杂凑算法之一(又译摘要算法、哈希算法)，为计算机安全领域广泛使用的一种散列函数，用以提供消息的完整性保护。

3) 二次 JPEG 压缩

该功能用于检测经过两次或多次 JPEG 压缩的图像。直接观察图像或许毫无差别，但内部某些信息存在丢失。经过二次 JPEG 压缩的图像在其频率域内会留下明显的特征，对图像的频率域的特征进行分析，可以判定图像是否存在二次压缩，并给出疑似篡改区域。

4) 十六进制文件查看

该功能主要应用于有样本的情况下，以十六进制数显示文件，包含文件地址及其对应的十六进制数；以十六进制字符串形式显示文件。通过比较检材和样本在字节上的差异来判断图像是否经过篡改。

5) PRNU 检测

该功能是基于图像的 PRNU 信息对图像的来源进行鉴定，检测当前检材图像是否是由样本图像的相机所拍摄。算法通过提取相机的 PRNU 特征，建立正样本图像与 PRNU 特征的相关性直方图，以及负样本图像与 PRNU 特征的相关性直方图，计算检材与 PRNU 特征的相关性直方图。

2. 真实性鉴定

在对图像做真实性鉴定分析时，又需要考虑是同图内的篡改鉴定，还是非同图的篡改鉴定，在警视通影像真伪鉴定系统中，针对同图篡改的检验鉴定方法主要有 DCT 检测和 SIFT 特征检测，针对非同图篡改的检验鉴定方法主要有重采样和 CFA。

(1) 同图拷贝粘贴检测——DCT 检测。该功能用于检测同图内的复制粘贴篡改图像。由于同幅图像的亮度、色彩一般不会有明显的差异，因此在同一幅图像中进行复制粘贴操作不容易引起人们视觉上的怀疑，这一类篡改由于篡改拼接区域不明显，很难被察觉。

(2) 同图拷贝粘贴检测——SIFT 特征检测。该功能用于检测同图内的复制粘贴且复制区域进行缩放、旋转等篡改的图像。通常篡改者为了达到增加图像中目标实体的篡改目的，常常将一幅图像中的前景区域复制粘贴到同一幅图像的另一不相重叠的区域，往往会将复制的区域进行缩放、旋转或仿射变换。

(3) 非同图拷贝粘贴检测——重采样。该功能用于检测非同图拼接后，对篡改部分有拉伸或旋转等操作带来的影响。图像插值算法会改变图像中相邻像素点之间的相关性，因此采用重采样检测技术，可以检测出相邻像素点之间的相关性具有一定的周期性，从而可以用来判定图像中是否存在拷贝拼接的内容。

(4) 非同图拷贝粘贴检测——CFA。该功能用于检测不同来源相机(相机采用 CFA 插值)拍摄的图像拼凑出来的篡改图像。大部分数码相机都使用单传感器和 CFA，并通过 CFA 插值获得彩色图像。不同相机的滤色片的排列顺序、参数不同，CFA 插值具有特殊性。因此，可以通过检验图像的 CFA 插值特性，来判断图像是否由不同相机拍摄的多幅图像拼接而成。

针对有些篡改图像，通过肉眼分析，并不能判定是同图内篡改还是非同图篡改，可以在用同图和非同图检验方法后，使用通用的检验鉴定方法进行分析，主要包括如下几种。

(1) 光照一致性检测。该功能通过查看不同物体光照方向是否相同，检测图像中是否存在篡改物体。

(2) 景深差异判别。该功能用于检测图像中同景深物体的模糊核是否相近。一般情况下，人工模糊和图像成像时的自然模糊在模糊类型、模糊核大小上是不同的。利用景深关系检验，在一幅图像中，同一景深的物体的模糊程度和模糊类型应该一致。

(3) 边缘模型检测。该功能用于检测图像中同景深的物体边缘模糊核差异情况。边缘模型检测可以判别图像中物体轮廓边缘信息的模糊程度，如果对于同景深的两个物体，计算出的边缘模糊核不同，说明图像存在篡改的可能性。

(4) 透视关系分析。该功能主要是一种人工方法，通过画一些辅助线来确定消失点，如果不是一个消失点，说明图像存在篡改的可能性；另外还有一些经验型的判断，比如通过画辅助线，发现图像中的人物大小存在问题，说明图像存在篡改的可能性。

(5) 噪声一致性检测。该功能可以通过图像中相似颜色区域的噪声分布情况对篡改的区域进行判断，如果在同一素材中，一部分噪声分布较为密集，一部分噪声分布较为稀疏，说明图像存在篡改的可能性。

系统提供 7 种滤波方法：高斯混合模型滤波、BM3D 滤波、冲击滤波、偏微分方程滤波、小波软阈值滤波、自适应陷波、自适应中值滤波，且支持统计 ROI 内的噪声水平。

3. 卷宗管理

卷宗的定义是保存文件，整理和排列文件或卡片，它反映一项工作、一个问题或一个案件等的情况和处理过程，此系统定位为目录；而软件的卷宗实现的功能是管理软件所有建立的卷宗，在“查看更多”界面，所有建立的卷宗以列表的方式排列，方便查看更多的卷宗；也可以管理文件资源，添加图片资源、视频资源、序列资源，支持重命名、删除等。

对检材分析完毕后，可以查看分析过程记录，生成检验鉴定文书。

4.4.4 实验所需器材

1. 设备和器材

(1) 计算机 1 台；
(2) 警视通影像真伪鉴定系统软件 1 套；
(3) 不同型号的数码相机两台。

2. 软件安装说明

软件支持系统版本 Windows 7。

硬件要求见表 4.4.4-1。

表 4.4.4-1　硬件要求

处理器	Intel Core i5-3450(建议 Intel Core i7)，3.30GHz，双核
内存	8GB
硬盘	希捷 ST1000DM003-9YN162(1TB/(7200 转/min))
显卡	NVIDIA GeForce GT 630，1TB
显示器	1920×1080，双屏

4.4.5　设备示意图

设备示意图如图 4.4.5-1 所示。

图 4.4.5-1　设备示意图

4.4.6　实验安排

实验安排见表 4.4.6-1。

表 4.4.6-1　实验安排

主题	内容	课时/h	培训素材
基础知识	(1) 了解原始性与真实性鉴定概念 (2) 熟悉图像基础知识：相关名词解释	1	GA/T 1021—2013《视频图像原始性检验技术规范》 GA/T 1022—2013《视频图像真实性检验技术规范》 警视通培训手册系列——《影像真伪鉴定培训大纲》
影像篡改	制作几幅篡改图像： 原始性篡改：多次压缩、视频转码、修改音频 真实性篡改：同图篡改、非同图篡改	2	《影像真伪鉴定培训大纲》 Photoshop
原始性鉴定	属性(Exif)信息查看 查看 MD5 值 二次 JPEG 压缩 十六进制文件查看 PRNU 检测	2	《影像真伪鉴定培训大纲》 《影像篡改检验分析手册》

续表

主题	内容	课时/h	培训素材
真实性鉴定	同图篡改鉴定： DCT 检测 SIFT 特征检测 DCTMAP 检测	1	《影像真伪鉴定培训大纲》 《影像篡改检验分析手册》
	通用篡改鉴定： 光照一致性检测 景深差异判别 边缘模型检测 透视关系分析 噪声一致性检测	2	《影像真伪鉴定培训大纲》 《影像篡改检验分析手册》
	视频篡改鉴定： 时间标签连续性检测 帧间相关性矩阵检测 帧间差异曲线检测 宏块数量检测 帧间运动向量检测	2	《影像真伪鉴定培训大纲》 《影像篡改检验分析手册》
卷宗管理	新建卷宗 整理卷宗信息 打印检验记录 打印检验报告	1	《影像真伪鉴定培训大纲》

4.4.7　实验方法和步骤

1. 同图拷贝粘贴检测——DCT 检测

(1) 在软件里打开相应的图片素材。

(2) 单击【图像分析】，在下拉菜单中选择【同图拷贝粘贴检测】，在右侧单击【DCT 检测】。

(3) 设置“邻域阈值”“面积阈值”“移动距离阈值”，然后单击【执行】按钮，获得相应的结果，如图 4.4.7-1 所示。

从结果中可看出，被高亮显示的两个区域为特征相似区域，该图像有篡改可能。

(4) 单击【确定】按钮，该检测结果会提交到证据展示中。

2. 二次 JPEG 压缩检测

(1) 在软件里打开相应的图片素材。

(2) 单击【图像分析】，在下拉菜单中选择【二次 JPEG 压缩检测】。

(3) 设置“开始频率”和“结束频率”，单击【执行】按钮，生成相应的结果数据，如图 4.4.7-2 所示。

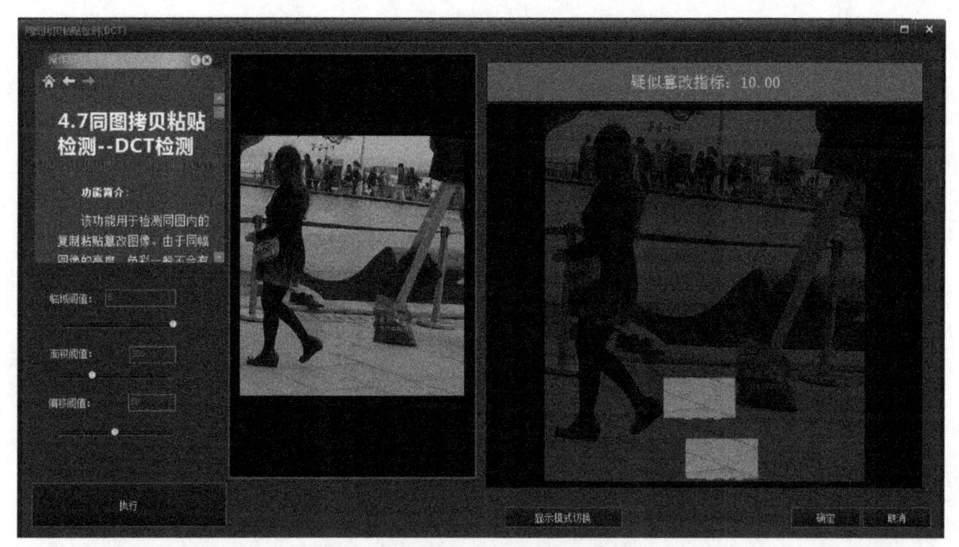

图 4.4.7-1　DCT 检测处理结果

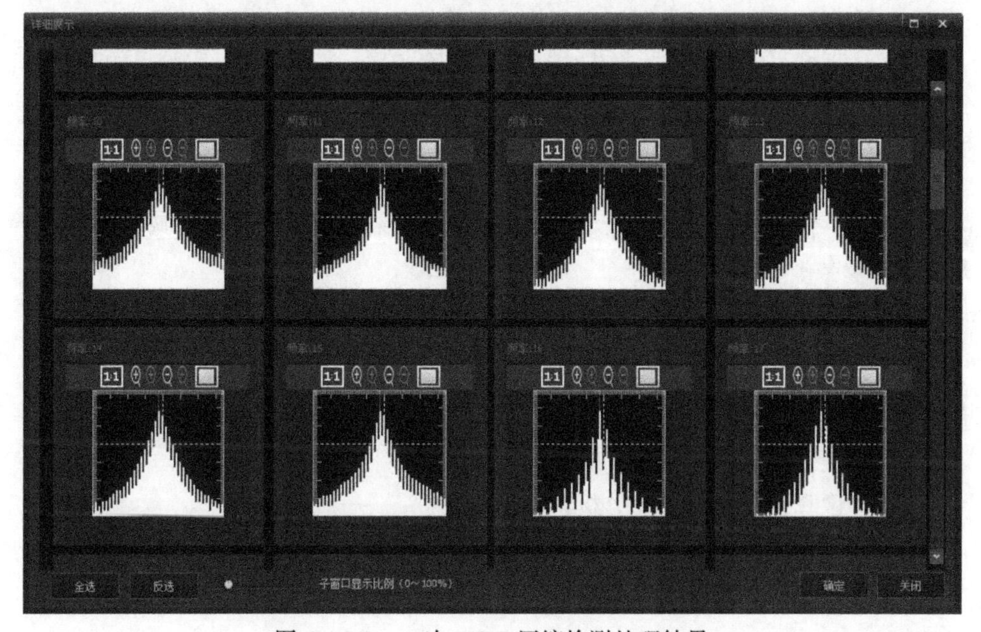

图 4.4.7-2　二次 JPEG 压缩检测处理结果

从结果中可以看出，从频率 10 以后，压缩曲线有明显的分层现象，二次 JPEG 压缩特征明显，说明图像经过二次或多次重新编码。查看图像压缩推测区域，结果如图 4.4.7-3 所示。

(4) 单击【确定】后，该检测结果会提交到证据展示中。

图 4.4.7-3　二次 JPEG 压缩推测区域图

4.4.8　实验注意事项和实验报告要求

(1) 认真预习和熟练掌握影像真伪鉴定软件的使用方法和操作步骤。

(2) 认真撰写实验报告，报告内容包括实验名称、实验内容、实验目的和要求、实验原理、实验设备、实验方法和步骤、实验结果和分析等，要重点完成实验结果和分析。

(3) 合理设计实验的步骤。

(4) 每个检验案例可以选择多个适用的方法进行处理，并且在实验报告里写清楚步骤、参数、结果及分析。

(5) 保护和爱惜实验仪器和设备，不得损坏仪器。

(6) 严格按照操作流程和规范进行操作。

4.4.9　思考题

(1) 影像真伪鉴定主要解决哪些问题？

(2) 影像真伪鉴定的主要分析思路是什么？

(3) 影像真伪鉴定技术有哪些局限性？

第5章　案 例 分 析

待检验图像如图 5-1 所示。下面结合该图像讨论检验的通用流程。

图 5-1　待检验图像

如图 5-2 所示，图像篡改检验的基本分析流程包含四个方面，分别是目的分析、初步判断、特征检测、综合判断。

目的分析　初步判断　特征检测　综合判断

图 5-2　图像篡改检验的基本分析流程

5.1　目 的 分 析

在进行具体的检验之前，首先需要对图像篡改的目的进行分析。如同处理其他复杂过程一样，图像篡改目的分析最基本的原则也是从总体到局部、从宏观到微观、从主观到客观。

首先是把握图像总体情况，如图像反映的主体内容、主要特征，以此来分析可能的篡改目的。图 5-1 中主体内容包括两个重点目标，其余的是背景。主体目标与背景之间通过景深造成的背景虚化分开，较好地突出了目标。对于该图像的真实性检验来说，首先可以根据整体特征确定大方向：是主体与背景之间的关系确定，还是目标之间的关系确定。当然，不同图像的内容是千差万别的，一些复杂图像可能难以简单地把握主体内容，需要更深入的分析。

如果把握了主体内容，就有了重点方向，下一步针对重点怀疑方向进行分析。对于图 5-1 的分析来说，主要方向为四个部分：可能是主体目标与背景之间的合成关系、背景修改、主体目标之间的合成、主体目标修改。针对这四个部分，可以进行局部特征分析。

5.2 初步检验

分析篡改目的之后，对图像进行初步检验。首先检验图像属性，了解图像的相关信息，如图 5.2-1 所示。

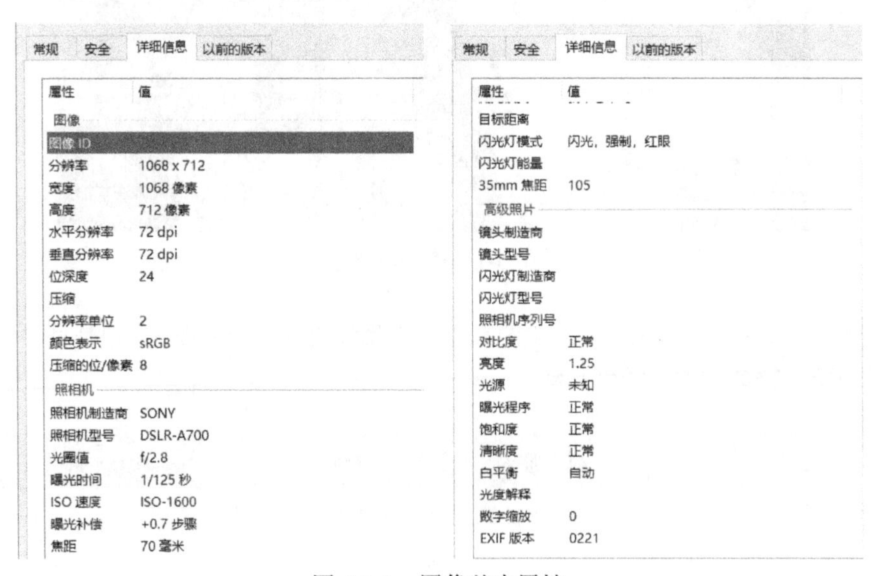

图 5.2-1　图像基本属性

可见图像基本属性中包含图像分辨率、尺寸，以及成像设备、拍摄参数等。这些属性是拍摄照片时相机记录下的一些信息，保存在照片文件中。这些信息中有些可以为了解照片的基本情况提供一些参考。例如，相机型号可能会对了解图像的大体特征有一定的帮助，不同厂家的相机拍摄的图像在色调、锐度等方面会有一些差别；焦距有助于判断照片中不同区域的变形情况；闪光灯模式则有助于分析图像的色调、曝光等。

当然，这些基本信息在很多情况下是可能被改变的，因此过度依赖这些信息则会带来误判的风险。

5.3 特征检测

对图像的真实性进行检验，包括多个方面的特征分析，如色彩、光照、变形、清晰度、聚焦情况、采样特征、压缩特征、噪声特征、内容合理性、物理规律反映等，是一项复杂的分析工作。对于一幅图像来说，虽然不是所有的这些特征都必须检测，可以根据情况具体判断，但一般情况下，需要尽可能地都加以分析。下面讨论图 5-1 对上述特征的分析情况。

1) 色彩分析

对于彩色照片而言，色彩的一致性是重要的特征。尽管实际场景有各种不同的色彩，但是具体的成像设备对于颜色的反映存在固定的模式。这种对颜色的反映表现为不同的特征现象，如 PRNU 噪声、色相、色彩饱和度等。对嫌疑照片进行色彩分析通常可以借助不同的颜色空间进行。如图 5-1 原始的颜色空间为 RGB，通过变换到 Lab 空间，一些特点就能够更好地凸显出来。如图 5.3-1 所示为 Lab 空间中 b 通道对比度增强后的结果。将主体目标放大后观察，如图 5.3-2 所示。

图 5.3-1 原图变换到 Lab 空间后，将 b 通道对比度增强的结果

图 5.3-2 对图 5.3-1 局部放大结果

从图 5.3-2 中可以明显观察到问题的区域。左边目标与背景的噪声强度相近，而右边目标与背景的噪声强度相差较大，如圆圈所标示区域。

2) 光照分析

光照分析可以根据图像高光的情况来估计，也可以用算法进行计算。图 5-1 的光照情况比较明显，直接关注高光部分就可以。以两个目标人物脸部高光部分为例，画面左边目标鼻尖处有明显高光，为前方闪光灯形成；画面右边目标鼻子右侧有大片高光，由目标右上方光源形成。因此二者存在不同的光源反应。

3) 采样特征

采样特征分析相对困难，通过算法计算时也需要较大的数据量进行估计。但作为辅助分析手段，一些简单的方法也可以尝试。如将原图进行中值滤波，然后将结果在原图中减去，可以反映出部分采样率的差异。对图 5-1 的采样率差异分析见图 5.3-3。可以看到，两个目标人物脸部的采样率差异较为明显，右边采样率低，图像更平滑，细节更少。当然，这种简单分析方法也容易受到干扰，如画面左边目标人物的衣服颜色较浅，反映出的细节也较少。

图 5.3-3　对图 5-1 的采样率差异分析

4) 噪声分析

噪声是成像过程中的重要特征，对噪声的分析往往必不可少。图 5.3-4 是计算图 5-1 噪声分布的结果。能够明显看到，画面右边目标噪声水平更低，这与前面的分析结果也是一致的。噪声分析也受到光线的干扰，光线越强的地方，噪声水平也越低，因此在分析的时候需要综合考虑这些因素。

图 5.3-4　图 5-1 噪声分析

5.4 综合判断

综合判断是对各个检验过程进行分析、整理和评估并最终得出结论的步骤。在这一步骤中，衡量各个流程矛盾的地方并给出合理解释是一个重要的方面，如果出现无法解释的矛盾，就不能够得到一致的结论。无论是目的分析、初步检验，还是特征检测中各特征的表现，都需要对最终结论进行支持，或者至少不会否定结论。在上述针对图 5-1 的分析中，各个环节都指向右边目标存在篡改，初步检验中虽然没有明确的指向性，但也没有明确的否定；特征检测中的多个特征分析(如色彩、光照、采样、噪声)都表明了存在篡改的嫌疑，因此得出明确的结论就理所当然。对于图 5-1，综合各方面的检验，发现有明显的篡改痕迹。

在综合判断过程中，如何对矛盾现象进行解释是一个需要引起重视的问题。这些解释通常涉及对成像特征的深刻理解与把握，尤其是对其中一些规律性现象的总结，需要在平时的检验过程中多观察和思考，如噪声分布随光线的变化规律、采样特征的不同表现等。

第6章　总结与展望

6.1　技术总结

百闻不如一见，照相技术的出现让人类记录世界的方式又多了一个选择，加快了文化传播的速度，推动了人类社会发展和文明进步。但影像篡改技术也伴随着照相技术的产生和发展应运而生，并不断地进步。在胶片时代，由于只有摄影师可以对胶片进行专业的操作，影像篡改还仅是少数人的特权。但是随着数码相机和影像处理技术的普及，影像篡改已经深入人类社会的方方面面，对人类生活和社会活动产生着巨大的影响。因此，影像篡改取证技术逐渐成为物证鉴定和信息安全领域备受关注的热点，并在公安、司法部门实际需求的推动下，在学术界形成了一股影像篡改取证的研究热潮，而开发可以应用于实战、经得住实战考验的、系统的、开放的影像篡改取证工具，就成为众望所归。

依照影像篡改取证发展的脉络，本书从影像篡改取证技术发展的背景、依赖的客观规律、算法的原理、鉴定系统的功能设计及实战中的应用案例等不同层面对其进行系统论述，力求使科研工作者和公安司法人员较为全面地了解、认识并掌握影像篡改取证技术。

首先从照相技术的原理和发展出发，结合实际案例对胶片时代和数字时代影像篡改技术的方法与特点进行了说明，介绍了当前公安行业对篡改鉴定的需求、面临的问题、历史发展，并列出一些篡改鉴定业务，让读者对影像篡改取证的时代背景、研究意义以及实际需求有一个客观的认识。

其次对当前鉴定的主流对象——数字影像的成像原理、生成过程、成像特点、相机光学和电子构造以及压缩存储方式与编码规范进行了详细介绍，这是篡改鉴定的算法所依赖的基础，再不易发觉的篡改都不可能满足所有的条件，总会露出蛛丝马迹。

在明晰数字影像的成像原理、过程和特点后，接下来就要对影像篡改取证的原理和方法进行介绍。先列举了一些常见的影像篡改手段，以让读者对其有一个直观的认识；然后简单介绍了一些主动防御篡改的算法和技术，对其优点和局限进行了说明。因为实战中所面临的检材绝大多数都不具备主动防御算法，所以我们把研究重点放在了影像篡改被动检测也就是盲检测上面，对已有的检测方法从原理、效果和适用条件等方面进行了介绍：①根据相机成像物理原理介绍了景深一致性检测等方法；②根据图像的生成过程介绍了异图拷贝粘贴检测 CFA 和重采样等方法；③根据图像存储压缩方式和特点，介绍了二次 JPEG 压缩检测方法、同图拷贝粘贴检测 DCT、SIFT、JPEG ghost、DCTMAP、ELAMAP 等方法；④按照图像场景的物理规律介绍了基于边缘模型、透视关系和光照一致性的方法；⑤由于视频独有的压缩算法、动态属性、包含时空信息等特点，视频篡改检测方法同样丰富多样，常见的有帧间相关性矩阵检测、帧间差异性检测、宏块数量检测以及时间标签连续性检测和帧间运动向量检测等方法;⑥另外，针对检材中经常出现的数字影像来源鉴定，本书也介绍了几种常见的方法，包括基于文件信息、PRNU 噪声、传感器缺陷和镜头污点等。

在掌握相关影像篡改检测方法的前提下，如何将这些方法和影像处理方法结合起来，开发出一款可以服务于公安司法物证鉴定的影像篡改检测系统和实战平台，就成了当务之急。因此，在深入公安一线调研、充分了解实战需求、广泛征求国内外专家的意见和建议的基础上，团队对影像篡改检测平台的定位和功能进行了不断探讨和详尽论证，集中力量，开发了保证检测精度，操作使用便捷，同时具有开放的架构以对接新方法的影像篡改检测系统，填补了国内在影像篡改检测领域里工具软件的空白。

影像编辑工具因为用户需求不断发展和完善，给人们带来便利的同时也让不法分子篡改影像变得轻而易举。一幅照片或一段视频可能被造假者利用数种操作进行篡改，可能需要更多的篡改检测手段相结合才能给出检测意见，客观上增添了篡改检测的难度；同时，研究人员针对某一篡改手段所遗留的蛛丝马迹，根据其特点找到相应的检测方法，可能很快就会被不法分子破解并找到掩饰方法，从而使这种检测方法失效。

6.2　行业展望

由于法庭科学行业对于篡改鉴定的方法、程序及应用以案件侦查和法庭诉讼为目的，对篡改鉴定工作提出了很高的要求，也为篡改鉴定提供了强大的驱动力，推动了相关研究的发展。从发展来看，由于影像资料的数量呈爆发式增长，法庭科学行业的篡改鉴定有下述特点：

(1) 篡改方式不断更新，对真实性的界定越发困难。如现在图像处理技术越来越发达，新的成像技术突破了传统理念，新的应用方法(如美颜功能、图像娱乐功能、智能修图方法)越来越多，图像真实性检验面临的挑战也更加突出。由此对图像真实性的定义需要根据新的图像形式不断地完善，对真实性的界定需要在方法上进行更多的研究。

(2) 图像篡改检验技术体系不断完善。篡改与篡改检验是相互演化的矛盾关系的两面。篡改技术的改变必将带来篡改检验方法的进步，而篡改检验方法也会反过来推动篡改方法的变化。在此过程中，图像篡改检验技术的精度和稳定性将不断提高，技术体系将逐步完善。

(3) 新技术的引入可能会带来新的鉴定模式。当前在鉴定过程中主要依赖鉴定人员的经验，对图像特性进行判断，然后选择不同的检验方法和指标，最后进行综合评判。随着对图像篡改方法本身的研究，可能会建立起一系列篡改方法及其对应的篡改图像数据库，借助当前已经高度发展的深度学习方法，对图像特性的判断可能被自动化方法取代，由此改变现有的鉴定模式。

附录 标准解读

附录一 《视频图像原始性检验技术规范》解读

《视频图像原始性检验技术规范》针对的是视频图像“原始性”这一性质进行检验。根据该规范规定的范围:“规定了视频图像原始性检验过程的步骤和要求”“适用于法庭科学领域声像资料检验鉴定过程中的视频图像原始性检验”。

总体来说，这是一个较为特殊的规范，主要是因为“原始性”这一性质的内容。规范中给出了两个与原始性有关的术语，一个是“原始视频图像”，另一个是“视频图像的原始性”。下面详细分析。

(1) 原始视频图像。根据定义，原始视频图像是指“制成后存储在原始记录介质中的未经编辑处理的视频图像”。从该定义中可以发现两个主要要素：①存储在原始记录介质中；②未经编辑处理。第一个要素关注存储的位置在原始记录介质。从表层意思来看这一要素很容易理解，即存储在原始的记录介质如光盘、硬盘、存储卡之中，没有改变存储介质。然而这一要素也隐含着一些陷阱。假设这样一种情况：将介质 A 中的视频图像 B 复制一份仍存储在 A 中记为 C。然后删除 B，再将 C 重新命名为 B，那么这时的 B 是否为原始视频图像呢？根据原始视频图像的定义，这时的 B 应该是原始视频图像，因为 B 仍然满足第一个要素，而且没有经过编辑处理。从这里可以看出，复制过程不影响原始视频图像，只要其还存储在原始记录介质中。另一方面，是否为原始记录介质从技术上很难确定，或者需要其他复杂的超出影像技术范围的专业知识。从这一角度来讲，虽然第一个要素对于“原始视频图像”是一个很直接的约束，但几乎不可检验。

再来看第二个要素。这个要素关注视频图像的内容“未经编辑处理”，是一个必要条件。满足这个必要条件的视频图像，按照前面的分析，几乎无法确定是否为“原始视频图像”。当然，不满足这个条件的视频图像可以确定其不是原始视频图像。

因此，本规范的基础定义还存在一些不确定情况。从后面的分析可以看出这将给出具结论带来影响。

(2) 视频图像的原始性。视频图像的原始性是指“保留视频摄制的原始信息，未经格式转换、编辑等操作，具备原始视频的性质”。该定义从三个方面描述原始性：①保留视频摄制的原始信息；②未经格式转换、编辑等操作；③具备原始视频的性质。从定义的结构来看，这三个方面需要同时满足。然而结合“原始视频图像”

的定义(制成后存储在原始记录介质中的未经编辑处理的视频图像)来看，如果满足第三点，即“具备原始视频的性质”，那么第一点和第二点必然满足。因此，该定义可以简化为只需要第三点。从此可以看出，视频图像的原始性定义与原始视频图像的定义基本重复，而且缺乏实质性的原始性描述。

之所以产生上述问题，作者认为其主要归因于“原始性”本身概念存在一定的模糊，即“原始性”究竟指的是什么？为更清晰地讨论这个问题，本书将讨论范围限定在规范本身的范围内，即“法庭科学领域声像资料检验鉴定过程”的范围。由于法庭科学声像资料检验的目的在于提供证据，其检验过程主要是检验证据的某一种性质。就证据本身来看，学界公认的证据三大属性为合法性、真实性(客观性)、关联性，其中并未明显地体现原始性这一性质。涉及证据规则的相关法律(如《中华人民共和国刑事诉讼法》)条文中对证据的要求，也主要集中在三大属性。涉及鉴定的法规(如《全国人民代表大会常务委员会关于司法鉴定管理问题的决定》)针对声像资料检验也只涉及这三大属性。当然也有部分文献讨论证据原始性，但缺乏清晰的原始性界定。由此可以看到“视频图像的原始性”这一概念难以有效地表达。

综上所述，在应用本规范时需要慎重地考虑实际工作中对原始性这一概念的要求，将其细化后再具体情况具体分析。当然其中存在一种简单情况，即如果能够证明视频图像经过编辑处理，就可以确定不具备原始性，而不用考虑原始性的含义。

由于本规范中基础概念相对模糊，本书不对其余部分做过多的讨论。

附录二 《视频图像真实性检验技术规范》解读

《视频图像真实性检验技术规范》主要针对视频图像的真实性进行检验。真实性是证据的三大属性之一，视频图像的真实性检验涉及的技术问题较多，需要有一定的规范来约束。

规范首先做了必要的定义，其中核心的定义针对“视频图像的真实性”，下面简要分析。

规范给出的“视频图像的真实性”定义为：“视频图像反映的内容与实际状况的一致性”。这个定义比较简洁，从视频图像内容出发进行论述，重点关注内容与实际状况的一致性。对定义深入分析就会发现其中存在一些二义性，如“视频图像反映的内容”与“实际状况”分别指的是什么？一个著名的例子是“华南虎”照片事件。照片本身反映的内容在不同的情况下解读是不同的，实际状况在此相对明确(大多数人认为华南虎未被发现)。通过比较两者的一致性来定义这张照片的真实性会带来争议。有些时候，实际情况相对笼统。如现在许多人希望将结婚照修饰得更美观，或多或少对照片都经过一些编辑。以“实际状况”来理解，结婚照反映两人拍照的事实与照片并没有不一致的地方。上述这些二义性会导致实际工作中的困扰。因此，该定义缺乏必要的精确性。

从本规范描述的检验过程来看，包括：①编辑、加工痕迹检验；②光学成像特性检验；③视频图像内容客观性检验。这几项分类并不是很清晰，如一些光学成像特性会反映出编辑、加工痕迹。关于视频图像内容，根据前面的论述可知，实际情况下其检验难以操作。因此在案件检验中需要仔细考虑。

规范将结论分为三种情况：肯定、否定和不具备检验条件。其中，肯定结论为："XX 检材未发现后期编辑、修改、合成等痕迹"，否定结论为："XX 检材在 XX 处(方面)存在后期编辑(修改或合成)痕迹"，不具备检验条件为："XX 检材不具备检验条件"。这些是符合实际情况的方式，尤其是肯定结论，表达的隐含意义是"以现有的技术条件，未发现后期编辑、修改、合成等痕迹"。

附录三 "十三五"公安刑事技术视频侦查装备配备指导目录

序号	配备项目	计量单位	配备数量	配备要求	主要功能/性能说明
1	视频勘查采集箱	套	(2~6)/工作室	必配	具备网线、USB、硬盘对拷等多种视频快速调取、现场测距、测点、照相等功能
2	视频研判工作站	台	1/视频侦查员	必配	高性能计算机，图像处理专用显卡，配 2 台专业显示器，满足视频查看功能
3	视频智能研判分析系统	套	1/工作室	必配	海量视频增强、浓缩、检索、分析、协作等智能研判分析系统
4	移动式视频智能研判系统	套	(2~6)/工作室	必配	具备视频增强、浓缩、检索、分析等智能化功能的移动式单兵视频侦查研判系统
5	视频图像处理分析系统	套	1/工作室	必配	具备简单视频图像增强、比对、截取、转换、检索等初级视频图像处理分析功能，含图形处理工作站
6	投影显示设备	套	1/工作室	必配	可选用投影仪、触摸大屏幕等投影显示设备，用于视频侦查的研判讨论辅助
7	移动视频布控系统	套	(1~5)/工作室	必配	用于主动式视频侦查，具备无线传输功能
8	GPS 主动查控系统	套	(1~5)/工作室	必配	用于经营性涉车案件的视频侦查辅助和线索经营

续表

序号	配备项目	计量单位	配备数量	配备要求	主要功能/性能说明
9	视频侦查实战应用平台	套	1/工作室	必配	以涉案视频信息数据库和人脸识别比对、车脸识别比对、图像特征比对、视频解析检索等智能应用工具服务集为核心的视频侦查实战应用平台
10	视频原始资料存储管理系统	套	1/工作室	选配	用于存储、管理、调取采集的各类视频资料
11	视频侦查专用工作车	台	(1~3)/工作室	选配	便于移动视频监控设备的部署、社会视频的现场提取与高速复制、涉案视频的现场分析处理
12	空中侦查系统	套	(1~3)/工作室	选配	用于视频侦查的无人飞行器及相关应用软件
13	专业显示器	台	(1~2)/工作室	必配	专业级显示器，用于显现模糊视频图像的细节信息
14	专业视频图像处理分析系统	套	1/工作室	必配	具备视频图像复原、增强、去噪等视频模糊图像处理分析功能
15	视频图像检验鉴定系统	套	1/工作室	必配	具备视频中人像、物品、车辆、过程及视频图像真实性检验鉴定功能
16	其他辅助设备	套	1/工作室	必配	移动存储介质、数码照相机、数码摄像机、彩色打印机、视频非线性编辑软件、视力保护设备等